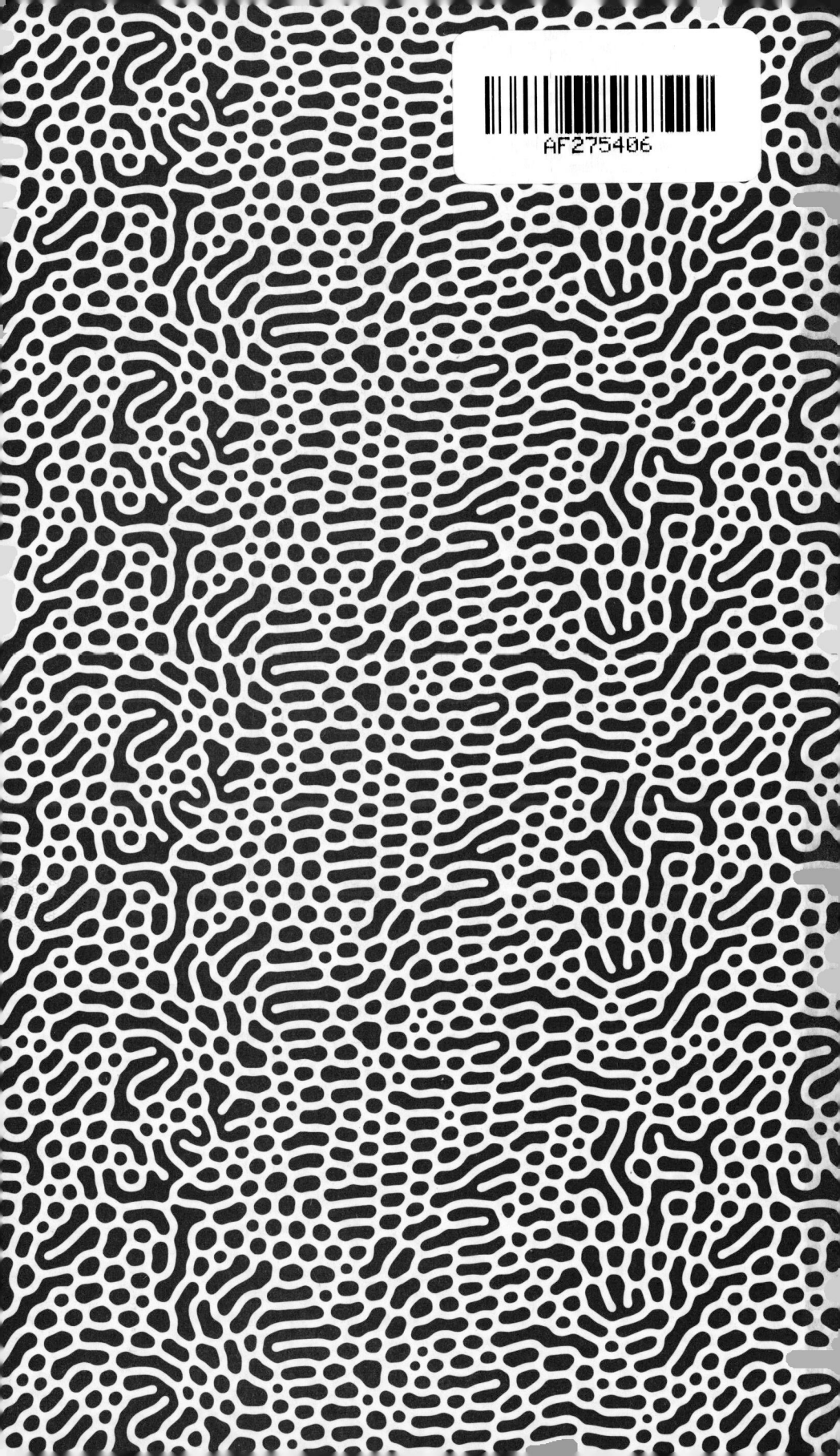

AF275406

Superorganismos

RAÚL RIVAS

Superorganismos

*De la medusa inmortal a los hongos de Chernóbil,
historia natural de los seres prodigiosos*

GUADALMAZÁN

GUADALMAZÁN • COLECCIÓN DIVULGACIÓN CIENTÍFICA
Edición al cuidado de BIBIANA GARCÍA VISOS
Director editorial ANTONIO CUESTA

www.editorialguadalmazan.com

TALENBOOK, S.L.
C/ Cervantes, 26 · 28014 · Madrid

Imprime: CPI BLACK PRINT
ISBN: 978-84-19414-39-7
Depósito Legal: M-21253-2024
Hecho e impreso en España-*Made and printed in Spain*

A Sara Xuan y Dani,
dos superorganismos.

Índice

Ectopistes migratorius, conocida como paloma migratoria, fue una de las aves más abundantes de América del Norte hasta el siglo XIX, con estimaciones de hasta cinco mil millones de individuos. Una de las curiosidades más impresionantes sobre esta especie era su capacidad para formar bandadas tan grandes que podían oscurecer el cielo mientras pasaban, creando un fenómeno natural que asombraba a quienes lo presenciaban. Sin embargo, en menos de un siglo, la paloma migratoria pasó de ser la especie de ave más numerosa del planeta a extinguirse por completo en 1914.

Presentación

Estamos en un escenario de crisis complejo. No hablo de economía y salud, aunque algo tengan que ver. Las actividades humanas están perturbando la estructura y las funciones de los ecosistemas, consiguiendo alterar la biodiversidad nativa. Los trastornos ocasionados reducen la abundancia de algunos organismos, provocan el crecimiento poblacional de otros y modifican las interacciones con los entornos físicos, químicos y biológicos, influyendo en la distribución de plantas, patógenos, animales e incluso asentamientos humanos.

Dicho esto, viene a cuento contar algo que ocurrió hace ya bastantes años, recién inaugurada la eufórica industrialización planetaria. Por aquel entonces, corría joven el siglo XIX, que iba más o menos rápido según en que continente. En el norte de las américas solía ir ligero, impulsado por el vapor de barcos y locomotoras. El cielo era otro tema, porque aún permanecía virgen de cachivaches tripulados, aunque de vez en cuando, para asombro de los lugareños, perdía la pátina azul, oscurecido por el paso en tropel de cientos de miles de palomas migratorias (*Ectopistes migratorius*). Los animales tenían costumbre de realizar migraciones multitudinarias, desde la zona de anidación, localizada en el noreste de los EE. UU., hasta el área de invernada, situada por el territorio central estadounidense y extendida desde Quebec y Saskatchewan, en Canadá, hasta el golfo de México. El pasaje era, salvo deceso, de ida y vuelta, y el tamaño de las bandadas, colosal. Los registros citan una antológica que medía 1,6 kilómetros de ancho y alrededor de 500 kilómetros de largo. Catorce horas tardaron las aves en cruzar una demarcación concreta. Si ahora nos quejamos ofendidísimos del carnaval de deyecciones aviares que engalanan los bancos de parques y jardines, aquello debía de ser para rezar siete padrenuestros y trece avemarías. El caso es que las confiadas palomas eran fáciles de abatir y de estofar, dos premisas básicas para tapar las bocas necesitadas. En poco tiempo, la caza indiscriminada diezmó sin remedio a la población de palomas. Fue un holocausto. El último ejemplar de paloma migratoria, Martha, murió, de vieja, el 1 de septiembre de 1914, en el zoológico de Cincinnati. Con ella, la especie tomó rumbo directo al garete. La respuesta global actual es insuficiente y el ritmo de extinción de especies sigue siendo alarmante.

Bandada de palomas migratorias siendo cazadas en Luisiana. Ilustración publicada en *The Illustrated Shooting and Dramatic News* el 3 de julio de 1875, reflejando la intensa caza de esta especie, que contribuyó a su extinción a principios del siglo XX.

La abundancia promedio de especies nativas en la mayoría de los principales hábitats terrestres ha disminuido en al menos un 20 %, principalmente desde 1900. Más del 40 % de las especies de anfibios, casi el 33 % de los corales que forman arrecifes y más de un tercio de todos los mamíferos marinos están amenazados. La evidencia disponible respalda una estimación provisional de que el 10 % de los insectos van a pasar las de Caín. Desde el siglo XVI, al menos 680 especies de vertebrados han desaparecido. En menos de diez años hemos perdido más del 9 % de todas las razas domesticadas de mamíferos utilizados para la alimentación y la agricultura. Las plantas también sufren. En los últimos 250 años han claudicado casi 600 especies. El olivo de Santa Elena (*Nesiota elliptica*), arbusto nativo de las islas Santa Elena, Ascensión y Tristán de Acuña, en el Atlántico Sur, desapareció en el año 2013. Aun así, seguimos para bingo.

Frontispicio del libro *Our Vanishing Wild Life* (1913) de William T. Hornaday, mostrando a Martha, el último ejemplar de la especie de la paloma migratoria (*Ectopistes migratorius*), fotografiado en vida.

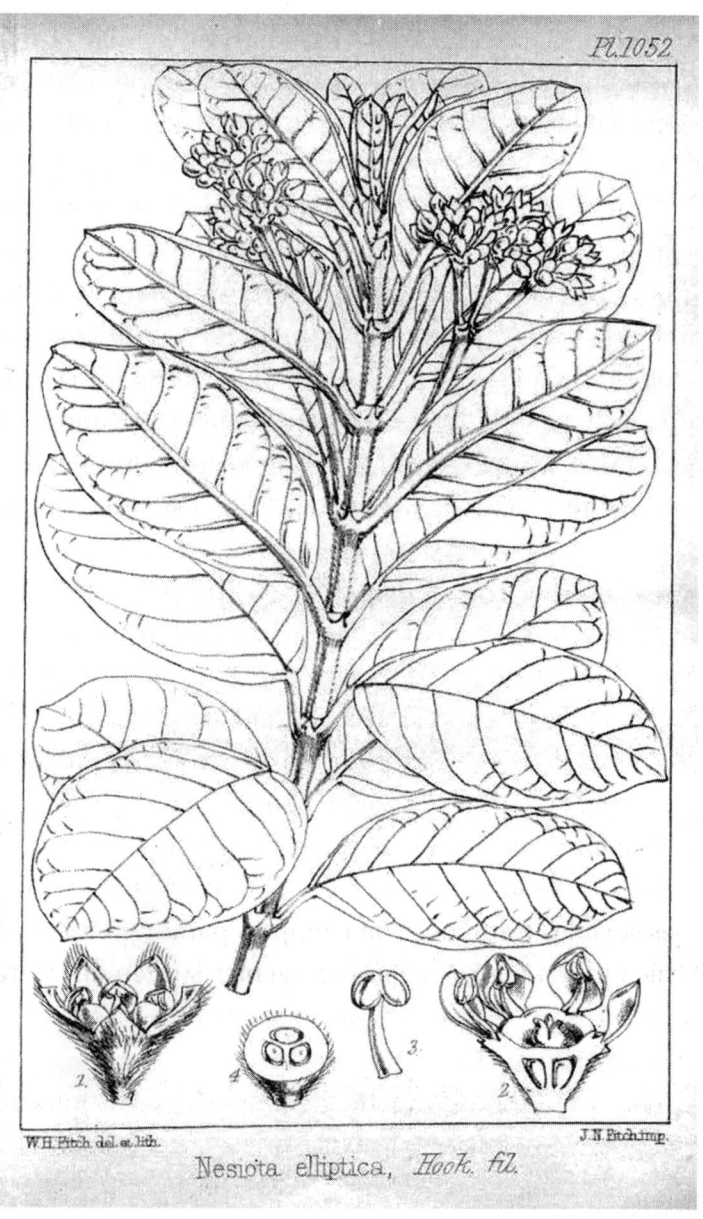

Pl.1052

W.H.Fitch del. et lith.   J.N.Fitch imp.

Nesiota elliptica, *Hook. fil.*

Nesiota elliptica o árbol de Santa Elena fue una especie endémica de la isla de Santa Elena, en el Atlántico Sur. Este árbol, que alcanzaba hasta siete metros de altura, era único por sus hojas elípticas y brillantes y fue la única especie del género *Nesiota*. Durante siglos, la deforestación y la introducción de especies invasoras llevaron al declive de su población, y a pesar de los esfuerzos de conservación, el último ejemplar murió en 1994, marcando su extinción oficial.

Los puntos críticos de pobreza extrema y biodiversidad son geográficamente coincidentes, concentrados en áreas rurales donde los medios de subsistencia dependen demasiado del capital natural incorporado en los bosques, pastizales, suelos, agua y vida silvestre. La falta de recursos, instituciones y estructuras de gobierno a menudo deja a la población local mal equipada para instituir mecanismos que aseguren el mantenimiento de los recursos a largo plazo. El resultado es ruinoso, porque la extinción de cada especie borra una crónica que ha sido modelada por millones de años de evolución. El respeto, cuidado y protección de los organismos es fundamental, porque la rápida disminución de la biodiversidad atenta contra las competencias naturales y la viabilidad del planeta.

Tendemos a ver a los organismos como cuerpos compuestos por células que provienen del mismo origen y, por lo tanto, comparten el mismo genoma, pero esta concepción es una reducción inadecuada de una realidad mucho más compleja. El comportamiento colectivo de los organismos es un mecanismo adaptativo generalizado en biología, presente en muchos niveles de organización diferentes. Fenómenos como la autoorganización de las bacterias, la sincronización de aves, el movimiento en grupos y las redes sociales humanas son ejemplos paradigmáticos, donde las propiedades macroscópicas emergentes surgen de interacciones microscópicas, hasta generar, en muy raras ocasiones, algún que otro superorganismo.

Este libro va de eso, de superorganismos. Aquí encontrará seres excepcionales y únicos, pero también anécdotas crujientes e historias prodigiosas; viejos avisos; aventuras bellas y trepidantes; revelaciones deliciosas; puñetazos sobre la mesa; ilusiones inocentes y encantos camuflados; incidentes aparatosos; adaptaciones fantásticas y habilidades asombrosas; hipótesis convulsas y destrezas inauditas; anzuelos a la deriva, y conejos escondidos en chisteras. ¿A qué espera? Pase la página, que comienza la aventura.

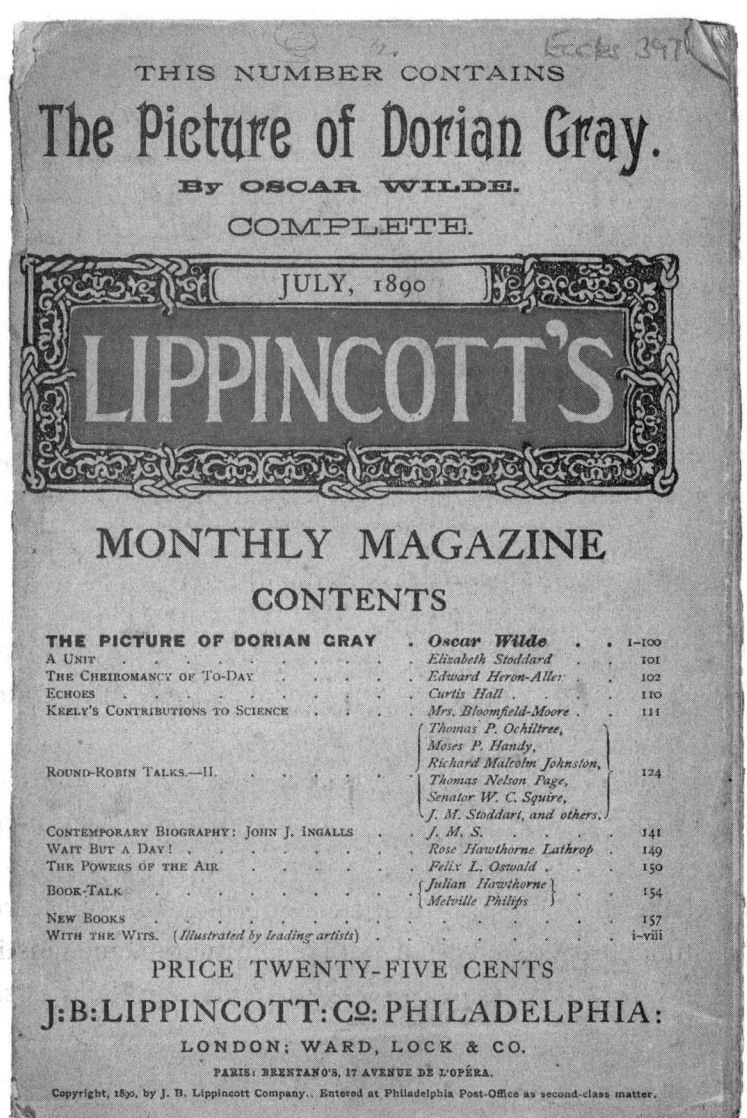

Portada de la edición de julio de 1890 de *Lippincott's Monthly Magazine*, donde se publicó por primera vez *El retrato de Dorian Gray,* de Oscar Wilde (lanzado simultáneamente en Londres) [Biblioteca Elmer Holmes Bobst]. La novela causó un gran escándalo en la sociedad victoriana debido a su tratamiento de la moralidad, la decadencia y la estética. Oscar Wilde ya había eliminado algunos de los pasajes para que fuera aceptada por los editores. La novela fue utilizada como prueba en los juicios por indecencia contra Wilde en 1895, lo que contribuyó a su condena y posterior encarcelamiento. Él siempre defendió su trabajo como una reflexión sobre la dualidad del ser humano y la superficialidad de la sociedad.

EN BUSCA DE LA INMORTALIDAD

El intenso perfume de las rosas embalsamaba el estudio y, cuando la ligera
brisa agitaba los árboles del jardín, entraba, por la puerta abierta, un intenso
olor a lilas o el aroma más delicado de las flores rosadas de los espinos.
OSCAR WILDE, *El retrato de Dorian Grey*

Así comienza *El retrato de Dorian Gray*, una novela escrita por Oscar Wilde y publicada en 1890. El relato expone la historia onírica de un joven hedonista, vanidoso y amoral, que vende el alma por la eterna juventud y la belleza.

La narración transporta al lector por los salones, iluminados con lámparas de gas, del Londres victoriano, mostrando las profundidades de la decadencia, la corrupción moral, la vulgaridad y la pedantería. Wilde aporta una prosa brillante y gótica, fruto de la astuta observación social, para crear un ambiente fáustico, donde priman varios temas sempiternos como son el narcisismo o la inmortalidad.

Durante milenios, la civilización humana ha estado fascinada con la superación de la muerte. La inmortalidad, la eterna juventud o, al menos, la perspectiva de llegar a la edad bíblica han tenido un fuerte atractivo para la religión, el arte y las creencias populares. La vida después de la muerte, que es, en esencia, la vida eterna, es el elemento central de casi todas las religiones desde el antiguo Egipto. Basta con leer el Antiguo Testamento y descubrir que, según los escritos, algunos de los patriarcas

Con una deliciosa tipografía psicodélica en la portada, *El hombre bicentenario*, de Isaac Asimov, es una obra de ciencia ficción que narra la historia de Andrew, un robot doméstico que lucha por ser reconocido como humano a lo largo de dos siglos. Una curiosidad de esta obra es que, aunque explora temas profundos sobre la identidad, la libertad y los derechos civiles, Asimov lo escribió originalmente como encargo de una empresa de robótica japonesa que buscaba un cuento para conmemorar su bicentenario. Asimov expandió esta simple solicitud en una obra compleja que aborda la evolución tecnológica y ética de la humanidad, y que más tarde inspiró la novela *Positronic Man* (1992), escrita en colaboración con Robert Silverberg, y la película homónima protagonizada por Robin Williams en 1999.

vivieron varios cientos de años. El historiador y geógrafo griego Heródoto escribió sobre un manantial cuyas aguas restauraban la juventud. En el *Poema de Gilgamesh*, una antigua narración acadia en verso, correspondiente a un mito sumerio elaborado en torno a la figura de Gilgamesh de Uruk, que es un personaje convertido en leyenda, se tratan aspectos concernientes a la muerte, los límites humanos, la finitud y, por supuesto, la inmortalidad. Alejandro Magno vivió seducido por alcanzar la inmortalidad y el mito de Preste Juan, cuyo reino albergaba una fuente de la juventud y un río de oro, trascendió a partir del siglo XII. En la época medieval, la fuente de la juventud era un mito popular que perduró en el Renacimiento, a menudo ilustrado en pinturas, como *La fuente de eterna juventud*, de Lucas Cranach el Viejo, o *El jardín de las delicias*, del Bosco.

La sociedad actual no ha perdido la fascinación por la inmortalidad, evocada en taquillazos cinematográficos, como *Los inmortales* (1986) o *Indiana Jones y la última cruzada* (1989), y en cuentos deliciosos, como *El hombre bicentenario*, escrito por Isaac Asimov y publicado en 1976. No obstante, por primera vez, la ciencia moderna puede proporcionar el conocimiento y las herramientas para interferir con los procesos de envejecimiento y cumplir este vetusto sueño.

Sin duda, a nivel global, el ser humano está neutralizando el envejecimiento y aumentando, de forma sostenida, la esperanza de vida. ¿Por qué sucede esto y por qué las ciencias médicas están tan activamente interesadas en contrarrestar la fragilidad y fomentar la resiliencia? Según algunos pensadores históricos, sociales y filosóficos, estamos en proceso de diseñar un futuro en el que los humanos serán inmortales. El concepto de preservar la vejez, más allá de la vida reproductiva activa y el período de cuidado parental, es contradictorio para una especie animal que, en cambio, debería favorecer el crecimiento de la población, la salud y la reproducción activa.

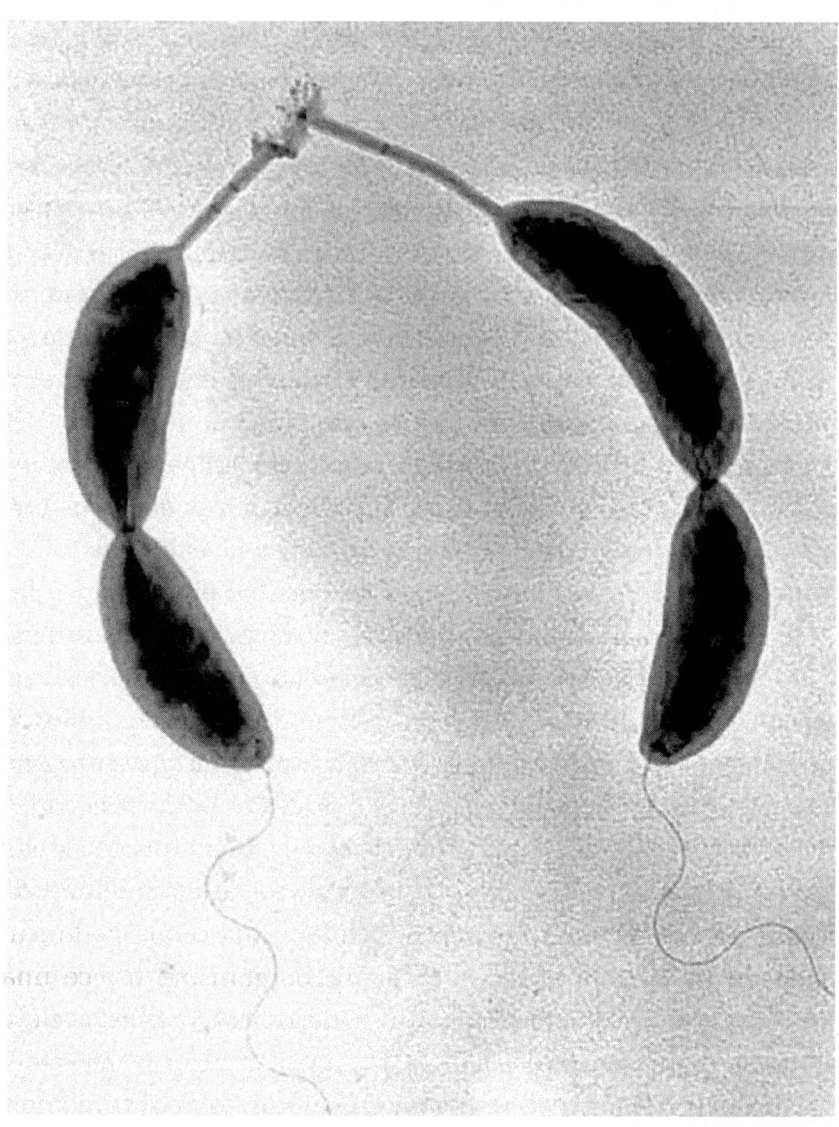

Caulobacter crescentus es una bacteria gramnegativa de forma curva, ampliamente estudiada por su inusual ciclo de vida y su capacidad para sobrevivir en ambientes con bajos niveles de nutrientes. Se encuentra comúnmente en cuerpos de agua dulce, suelos y ambientes acuáticos, donde juega un papel importante en el reciclaje de materia orgánica. Una de las características más notables de *C. crescentus* es su división celular asimétrica, que produce dos células hijas morfológicamente distintas: una con un flagelo móvil y otra con un tallo adhesivo que le permite anclarse a superficies. Esta diferenciación celular la convierte en un modelo valioso para estudiar procesos biológicos fundamentales como la regulación del ciclo celular, la polaridad celular y la adaptación a condiciones ambientales cambiantes [United States Department of Energy].

Sin embargo, desde el punto de vista evolutivo, en apenas un abrir y cerrar de ojos, la humanidad ha aprendido a lidiar y controlar varios eventos catastróficos, como hambrunas, guerras, plagas, incluidas las pandemias mundiales, que, en el pasado, podrían haber llevado a la extinción de los humanos. Esta situación invita a que gran parte de la sociedad humana esgrima perogrulladas, intentando justificar la prolongación vital mucho más allá de la función reproductiva. A nivel biológico, un organismo puede llegar a ser inmortal si todas sus células tienen una tasa de renovación superior a la de muerte.

Desde finales del siglo XIX, existen dos escuelas principales de pensamiento sobre el envejecimiento celular. Una percibe la senescencia como universal. El desgaste es inevitable. El problema es explicar el rejuvenecimiento, sin el cual todas las células morirían. El otro paradigma supone que algunas células son potencialmente inmortales e inmunes a la senescencia, a saber: los organismos unicelulares, las células germinales de los organismos multicelulares y las líneas celulares «inmortales» cultivadas en laboratorios. Por ejemplo, la bacteria acuática *Caulobacter crescentus* exhibe un ciclo de vida dimórfico, donde la división asimétrica da como resultado la producción de una célula enjambre móvil no reproductiva y una célula pedunculada no móvil reproductiva. Este microorganismo ofrece una oportunidad ideal para observar la senescencia, ya que la célula del tallo queda inmovilizada de forma natural y el enjambre, después de cada división, se aleja nadando solo. Otros microorganismos, las levaduras, están entre los organismos modelo más importantes para los estudios de senescencia y rejuvenecimiento a nivel celular. Por otra parte, algunas líneas celulares humanas, como las células HeLa, no están sujetas al límite de Hayflick, descrito por el anatomista Leonard Hayflick en 1961, y que se define como el número de divisiones que puede sufrir una célula eucariota antes de entrar en senescencia. Cientos de

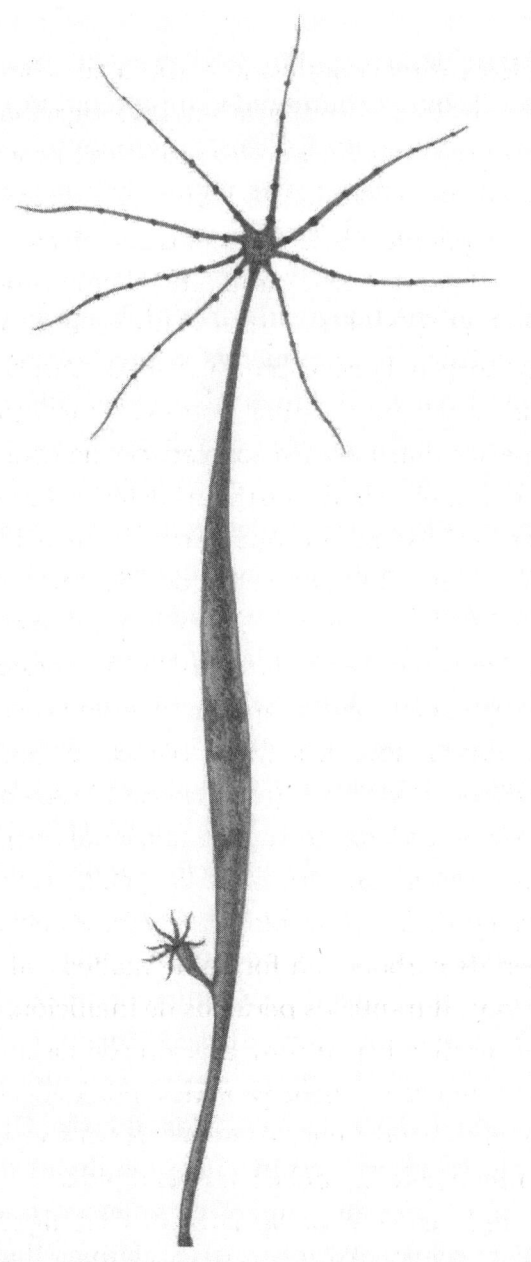

Ilustración de *Hydra viridissima*, una pequeña hidrozoa de agua dulce, conocida por su color verde brillante debido a la presencia de algas simbióticas en sus células. Esta simbiosis le permite obtener nutrientes a través de la fotosíntesis, además de capturar presas. *H. viridissima* es notable por su capacidad de regeneración extrema, ya que puede reconstruir su cuerpo completo a partir de fragmentos pequeños, lo que la convierte en un modelo importante para estudios sobre regeneración y biología celular [Ekaterina Gerasimchuk].

líneas de células inmortales están disponibles comercialmente y se utilizan de forma rutinaria en investigación. La mayoría muestra una o más de las características propias del cáncer, incluida la activación de la telomerasa, una mayor producción de energía por glucólisis y cambios genéticos, que incluyen mayores tasas de mutación e inestabilidad cromosómica.

Ahora bien, el reto es que un organismo eucariota pluricelular consiga sortear la senescencia, burle a Caronte, oposite a la inmortalidad y comience, una y otra vez, una nueva partida. Algunas especies marinas casi son capaces de conseguirlo. Por ejemplo, la hidra, en vez de sufrir un deterioro gradual con el tiempo, posee células madre que tienen la capacidad de autorrenovación infinita. Esto parece ser debido a un conjunto particular de genes, llamados genes *FoxO*, que aparecen en animales, desde gusanos hasta humanos, y que desempeñan un papel en la regulación del tiempo de vida de las células. En el caso de las células madre de la hidra, parece haber un exceso de expresión del gen *FoxO*. La especie *Hydra viridissima*, denominada hidra verde, guarda un secreto adicional. Este organismo alberga algas verdes simbióticas de la especie *Chlorella vulgaris*, responsables de la típica coloración verdosa del animal. Las algas proveen de carbono, en forma de maltosa, al huésped, lo que proporciona, durante los períodos de inanición, una ventaja competitiva significativa en comparación con los animales aposimbióticos. Además, las algas promueven la ovogénesis, protegen al huésped en condiciones de estrés térmico y permiten una tasa de crecimiento de la población más rápida.

En otros casos, como el de las langostas, en algunas regiones del planeta perdura el mito de que son animales inmortales, aunque no sea cierto. La longevidad de las langostas es debida a que pueden reparar su ADN sin cesar. Normalmente, durante el proceso de copia de ADN y división celular, los telómeros, que actúan protegiendo a los cromosomas, se acortan cada vez más y, cuando son demasiado cortos, la célula entra en senescencia y ya no puede seguir dividiéndose. Las langostas no tienen este problema, gracias a un suministro interminable de telomerasa, una enzima que permite regenerar los telómeros, mantienen un ADN joven durante un tiempo prolongado. Por desgracia, hay una trampa. Las langostas crecen demasiado y deben renovar el caparazón cada poco tiempo. Esto requiere gran cantidad de energía, por lo que, en la mayoría de las ocasiones, pasados unos cuantos años, el animal sucumbe al agotamiento, la enfermedad, la depredación o el colapso del caparazón. Aun así, algunos ejemplares alcanzan marcas olímpicas. En 1977, un espécimen de langosta americana, de un metro de largo, capturado frente a la costa de Nueva Escocia, en Canadá, pesó 20,14 kilogramos, lo que le ha valido el récord como el crustáceo marino más pesado del mundo. Otros dos individuos de langosta americana, pescados en Virginia Capes, apodados Mike e Ike y conservados en la colección del Museo de Ciencias de Boston, pesaron 19 kilogramos y 17,2 kilogramos. Los científicos han descubierto que, en promedio, las langostas europeas macho viven hasta los treinta y un años y las hembras hasta los cincuenta y cuatro, con notables excepciones de algún ejemplar que ha llegado a los setenta y dos años.

Imagino que alcanzar la inmortalidad no es moco de pavo, por lo que es lógico pensar que no existen animales inmortales, pero haberlos, haylos. Aunque parezca ciencia ficción, varias especies de cnidarios desafían al envejecimiento y destacan por presentar una singular plasticidad de desarrollo, e incluso por reversiones de ontogenia, es decir, en el desarrollo del individuo. Y entre ellos, hay uno que, a pesar de no pertenecer al clan MacLeod, tiene más vidas que cien gatos juntos. El agraciado es *Turritopsis dohrnii*, una pequeña medusa, de unos 4,5 milímetros de ancho y alto, que cuando está dañada a nivel físico, senescente o en presencia de condiciones ambientales adversas, evita la muerte invirtiendo su ciclo de vida en la dirección de desarrollo opuesta. Es decir, vuelve a transformarse en un pólipo bentónico poslarvario. Durante este desarrollo inverso, las medusas se encogen y pierden la capacidad para nadar, colonizan el sustrato y modifican la forma hasta una etapa similar a un quiste, caracterizada por una delgada envoltura externa quitinosa, sin características morfológicas reconocibles que puedan atribuirse a medusa o pólipo. En las siguientes 24 a 36 horas, el quiste desarrolla características típicas de los pólipos, como la hidroriza estolonal, de donde surgirán nuevos pólipos, que finalmente regresarán a la secuencia ontogenética habitual de pólipo a medusa.

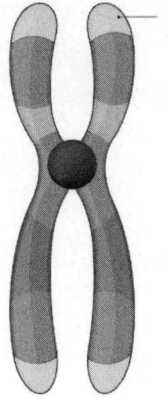

Telómero

En los extremos de cada cromosoma se encuentran los telómeros, que son regiones repetitivas de ADN no codificante. Los telómeros protegen los extremos de los cromosomas de la degradación y la fusión con otros cromosomas, actuando como un escudo que previene la pérdida de información genética durante la replicación celular [Eric Isselee].

Turritopsis dohrnii, conocida como la medusa inmortal, es una pequeña especie de hidrozoa originaria del Mediterráneo, famosa por su capacidad única de revertir su ciclo de vida. Cuando enfrenta condiciones de estrés o daño, esta medusa puede transformarse de su fase madura de medusa de nuevo a su fase juvenil de pólipo, esencialmente rejuveneciéndose y evitando la muerte. Este proceso de transdiferenciación celular le permite potencialmente vivir indefinidamente, lo que ha generado gran interés científico sobre su biología y las posibilidades de entender mejor el envejecimiento y la regeneración [John Kara].

La inversión de la ontogenia ocurre en algunas especies de cnidarios, pero esta capacidad, en general, desaparece una vez que los individuos alcanzan la madurez sexual. Conocemos tres especies, dentro del género *Turritopsis*, que rejuvenecen después de la reproducción: *Turritopsis dohrnii*, *Turritopsis* sp.5 y *Turritopsis* sp.2. Sin embargo, mientras que los dos últimos pierden bruscamente la capacidad de reversión después de alcanzar la madurez, *Turritopsis dohrnii* mantiene alto el potencial de rejuvenecimiento, de hasta el 100 %, en etapas posreproductivas, alcanzando, en la práctica, la inmortalidad biológica. Este desarrollo inverso inusual ha servido para que *Turritopsis dohrnii* sea conocida por el apelativo popular de «medusa inmortal».

A diferencia de la desdiferenciación, un proceso en el que las células pueden diferenciarse o volver a una etapa menos diferenciada dentro de su propio linaje, la transdiferenciación realizada por *Turritopsis dohrnii* permite que las células se diferencien nuevamente a una etapa en la que pueden cambiar de linaje. Para arrojar un poco de luz al asunto, en el año 2022, un trabajo publicado en la prestigiosa revista *The Proceedings of the National Academy of Sciences (PNAS)* identificó en el genoma de *Turritopsis dohrnii* mecanismos moleculares esenciales para el rejuvenecimiento de este animal, que incluyen diversas variantes y expansiones de genes asociados con la replicación, la reparación del ADN, el mantenimiento de los telómeros, el entorno redox, la población de células madre y la comunicación intercelular, procesos todos ellos que en los humanos han sido relacionados con la longevidad y el envejecimiento. Al parecer, el genoma de *Turritopsis dohrnii* contiene mutaciones que conservan los telómeros, o secuencias de ADN que protegen el extremo de los cromosomas. Estas diferencias pueden ser claves para la inmortalidad de las medusas.

No pierda de vista a *Turritopsis dohrnii*, porque la comprensión total de la biología de este animal perenne podría abrir múltiples puertas en la medicina regenerativa, el modelado de enfermedades y el descubrimiento de fármacos, e incluso tal vez, indicar el camino correcto hacia la fuente de la eterna juventud.

📖 Para leer más:

- Bathia, Jay. 2022. «Symbiotic Algae of *Hydra viridissima* Play a Key Role in Maintaining Homeostatic Bacterial Colonization». *Frontiers in Microbiology* 13: 869666.
- Fujita, Sosuke. 2021. «Regeneration Potential of Jellyfish: Cellular Mechanisms and Molecular Insights». *Genes* 12: 758.
- Govoni, Stefano. 2021. «The Frailty Puzzle: Searching for Immortality or for Knowledge Survival?». *Frontiers in Cellular Neuroscience* 16: 838447
- Hasegawa, Yoshinori. 2022. «Genome assembly and transcriptomic analyses of the repeatedly rejuvenating jellyfish *Turritopsis dohrnii*». *DNA Research* 30: 1-8.
- Matsumoto, Yui. 2019. «Transcriptome Characterization of Reverse Development in Turritopsis dohrnii (Hydrozoa, Cnidaria)». *G3 (Bethesda)* 9 (12): 4127-4138.
- Mikuła-Pietrasik, Justyna. 2021. «Nontraditional systems in aging research: an update». *Cellular and Molecular Life Sciences* 78: 1275-1304
- Papandreou, Margarita-Elena. 2023. «Nucleophagy delays aging and preserves germline immortality». *Nature Aging* 3 (1): 34-46.
- Pascual-Torner, María. 2022. «Comparative genomics of mortal and immortal cnidarians unveils novel keys behind rejuvenation». *Proceedings of the National Academy of Sciences (PNAS)* 119 (36): e2118763119.
- Sheldrake, Rupert. 2022. «Cellular senescence, rejuvenation and potential immortality». *Proceedings of the Royal Society B* 289 (1970): 20212434.

VENENO

Las circunstancias vinculadas al suicidio de Cleopatra siguen siendo un misterio. ¿Murió por la mordedura intencionada de una cobra venenosa? Cleopatra, último miembro de la dinastía Ptolemaica, heredó el trono y también la gran inclinación de los ptolomeos hacia la medicina y la ciencia. Atraída por el conocimiento sobre los venenos y las toxinas, Cleopatra comenzó a probar diversas sustancias ponzoñosas en presos condenados, para estudiar las diferentes reacciones y consecuencias que producían en el organismo. Por lo tanto, cuando eligió la opción del suicidio, el uso de veneno tendría sentido, dada la posibilidad de elegir el mejor, para conseguir una muerte rápida y libre de dolor. Sabiendo que los venenos orales causarían trastornos como espasmos tormentosos, náuseas, calambres abdominales y un final lento, presumiblemente comparó los principales efectos de las mordeduras de serpientes venenosas causadas por las diversas especies que viven en Egipto. Es probable que percibiera que las mordeduras de víboras, en general, producen un dolor local violento con inflamación, edema, decoloración de la piel, pústulas, vómitos y pérdida de sangre. En cambio, con el veneno de cobra, hemotóxico o neurotóxico, la muerte puede sobrevenir en media hora, por insuficiencia respiratoria y parálisis absoluta, sin dejar huella alguna en el cuerpo. Por tanto, el empleo deliberado de una cobra es una hipótesis que tiene galo-

Ilustración basada en la obra *The Death of Cleopatra*, de John Collier.

nes, aunque la teoría, de momento, no consigue el apoyo unánime, y algunos autores elucubran con otras opciones, como que bebiera un cóctel de drogas o utilizara un ungüento tóxico.

En la actualidad, el número exacto anual de mordeduras de serpientes es desconocido, pero los datos estiman que 5,4 millones de personas son mordidas cada año, 2,7 millones por especies venenosas, y de ellas, mueren entre 81 000 y 138 000 de las afligidas. Gran parte de las personas atacadas por serpientes venenosas sufren amputaciones o discapacidades permanentes. La mayor carga ocurre en países donde los sistemas de salud son más débiles y los recursos médicos escasos. Los trabajadores agrícolas y los niños son los más afectados. Los infantes suelen sufrir efectos más graves que los adultos, debido a que presentan menor masa corporal. En el año 2019, la Organización Mundial de la Salud desarrolló nuevas pautas para la prevención y el control de accidentes con serpientes con el fin de reducir la mortalidad y la discapacidad en un 50 % antes del año 2030. Para lograr esta tarea, fueron delineados cuatro objetivos. El primero, empoderar e involucrar a las comunidades. El segundo, garantizar tratamientos seguros y efectivos. El tercero, fortalecer los sistemas de salud y el cuarto, aumentar las alianzas, la coordinación y los recursos colaborativos.

Entre las diversas familias de serpientes, solo cinco, *Elapidae*, *Hydrophiidae*, *Viperidae*, *Crotalidae* y *Colubridae* tienen especies venenosas, pero es conocido que muchos otros animales también producen algún tipo de veneno. De hecho, más de 220 000 especies, cerca del 15 % de toda la diversidad animal del planeta, son venenosas. El veneno dota a los depredadores de un arma química mucho más potente que la fuerza física. Los venenos animales son cócteles bioactivos complejos y sofisticados, cuyos componentes principales son proteínas y péptidos.

Los venenos animales mejor caracterizados son probablemente los derivados de caracoles cono, arañas, escorpiones y

Bothrops jararaca, conocida como la yarará o jararaca, es una serpiente venenosa que habita en las regiones tropicales y subtropicales de Sudamérica, especialmente en Brasil, Paraguay y Argentina. Aunque es temida por su mordedura peligrosa, una curiosidad fascinante es que su veneno ha tenido un impacto positivo en la medicina: de él se derivó el primer fármaco inhibidor de la enzima convertidora de angiotensina (ECA), utilizado para tratar la hipertensión arterial y enfermedades cardíacas. Este descubrimiento revolucionó el tratamiento de millones de personas en todo el mundo, demostrando cómo una sustancia mortal puede transformarse en un valioso recurso para la salud humana [Tacio Philip Sansonovski].

serpientes. La composición de los venenos de los tres primeros está dominada por péptidos cortos, de 3 a 9 kDa, ricos en disulfuro, que contienen el motivo inhibidor del nudo de cisteína (ICK), aunque también están presentes proteínas más pesadas, incluidas enzimas. Los péptidos ICK son estructuralmente muy estables y, en la mayoría de las ocasiones, dirigen su acción al sistema nervioso, actuando principalmente sobre los canales de membrana o los receptores neuronales. El veneno de una araña o de un caracol cono puede contener miles de péptidos diferentes, mientras que el veneno de un escorpión puede incluir varios cientos. Los venenos de serpiente típicos consisten en una mezcla compleja, de veinte a más de cien componentes, de los cuales la mayoría son péptidos y proteínas, con bioactividades dominantes que incluyen neurotoxicidad, hemotoxicidad y citotoxicidad, según la especie de serpiente. La composición del veneno puede variar incluso dentro de la misma especie, y puede estar afectada por factores como las condiciones ambientales, la edad, el sexo o el tipo de presa disponible.

La diversidad en la composición de los venenos de origen animal proporciona una colección de compuestos bioactivos muy específicos que ofrecen muchos caminos hacia el desarrollo de nuevos fármacos terapéuticos. El primer fármaco, aprobado para uso humano en 1981 y basado en una toxina animal, fue el captopril. El captopril (Capoten®, Bristol-Myers Squibb) produce una relajación de los vasos sanguíneos y reduce la presión arterial, por lo que se utiliza para el tratamiento de la hipertensión arterial y la insuficiencia cardiaca. Fue desarrollado a partir del factor potenciador de bradiquinina (BPF) presente en el veneno de la serpiente *Bothrops jararaca*. El género *Bothrops* (familia *Viperidae*) incluye más de treinta especies y subespecies que están ampliamente distribuidas en la región neotropical, desde el sur de México hasta el norte de Argentina y en algunas islas del Caribe. En Brasil, *Bothrops jararaca* repre-

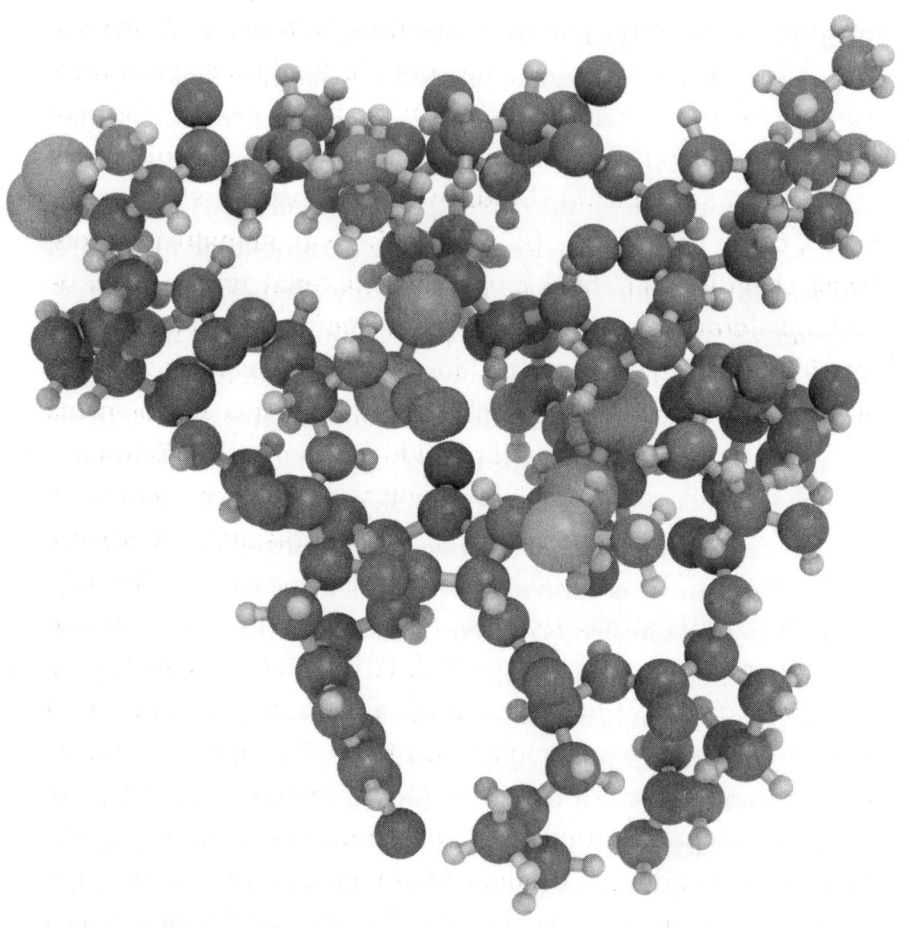

La compleja estructura molecular de la ziconotida, un potente analgésico derivado de la cono-toxina de un caracol marino llamado *Conus magus*, conocido también como caracol cono mágico. A diferencia de los opiáceos tradicionales, la ziconotida actúa bloqueando selectiva-mente los canales de calcio en las neuronas del sistema nervioso, interrumpiendo la transmi-sión del dolor sin causar adicción ni euforia. Debido a su eficacia en el manejo del dolor cró-nico severo, especialmente en pacientes que no responden a otros tratamientos, se administra por medio de una infusión intratecal directamente en el líquido cefalorraquídeo, lo que ase-gura una acción más eficaz [Studio Molekuul].

senta a una de las especies que mayor severidad de accidentes causa entre humanos. Las manifestaciones clínicas del envenenamiento causado por las serpientes *Bothrops jararaca* son complejas y están caracterizadas por efectos locales prominentes, que incluyen dolor, edema, equimosis, ampollas, abscesos y necrosis, que pueden progresar a pérdida de tejido, discapacidad física o amputación. También pueden ocurrir signos sistémicos, como hemorragia (sangrado gingival, hematuria y epistaxis), coagulopatía, shock e insuficiencia renal aguda. El BPF de *Bothrops jararaca* es un nonapéptido que actúa bloqueando la actividad de la enzima convertidora de angiotensina (ECA), inhibiendo la producción de la molécula hipertensiva angiotensina II y potenciando la acción del péptido hipotensor bradicinina.

Después del captopril llegaron otros, como por ejemplo el fármaco antiplaquetario Tirofiban (Aggrastat®, Medicure International, Inc.) que está basado en el motivo RGD (Arg-Gly-Asp) de la echistatina, una desintegrina presente en el veneno de la víbora gariba (*Echis carinatus*). Tirofiban es empleado para ayudar a facilitar el flujo sanguíneo al corazón y a prevenir el dolor en el pecho y los ataques cardiacos. Fue aprobado por la Administración de Alimentos y Medicamentos de los EE. UU. (FDA) en 1998 para el tratamiento del síndrome coronario agudo. En 2004, la ziconotida (Prialt®, Elan Pharmaceuticals, Inc.) fue aprobada por la FDA y la Agencia Europea de Medicamentos (EMA). La ziconotida (SNX-111) es un análogo sintético de la omega-conotoxina MVIIA aislada del veneno del caracol marino *Conus magus*. Es un péptido de veinticinco aminoácidos que inhibe la conducción del impulso nervioso y la liberación de neurotransmisores en el tálamo, lo que lleva a la antinocicepción, es decir, a la reversión o alteración de los aspectos sensoriales relativos a la intensidad del dolor. En consecuencia, está indicada en el tratamiento del dolor grave crónico en adultos que necesitan analgesia intratecal. La ziconotida no induce dependencia ni tolerancia, lo cual es una valiosa ventaja en comparación con la morfina. Además, es más eficaz que la morfina. Por desgracia, presenta algunas limitaciones importantes, como que debe ser administrada vía intratecal, lo cual perjudica la adherencia del paciente al tratamiento, y que presenta un estrecho índice terapéutico.

En realidad, a pesar del potencial maravilloso para desarrollar nuevos fármacos, la diversidad que presentan los venenos es un arma de doble filo. El único tratamiento eficaz para una mordedura de serpiente es la administración del antídoto específico, pero la variabilidad en la composición del veneno limita la disponibilidad y el aumento de la producción de antídotos. El científico francés Albert Calmette desarrolló el primer antídoto contra un veneno, el de la cobra, en 1895. En 1927, la H. K. Mulford Company de Filadelfia anunció que era la primera compañía con licencia para producir y vender antídotos contra venenos en los EE. UU. El producto antiveneno inicial de Mulford, denomi-

Sello postal francés con la efigie de Léon Charles Albert Calmette (1863-1933), médico, bacteriólogo e inmunólogo francés, descubridor del bacilo Calmette-Guérin (BCG) y creador del primer antídoto contra el veneno de serpiente, específicamente el de la cobra [Wantanddo].

nado Antivenin Nearctic Crotalidae, era polivalente y contenía anticuerpos efectivos contra el veneno de múltiples especies de víbora, incluidas serpientes de cascabel, mocasines y cabeza de cobre. En ese momento, la H. K. Mulford Company ofrecía dos variedades adicionales de antiveneno para serpientes. El primero, Antivenin Bothropic, fue otro antídoto polivalente creado para neutralizar el veneno de las víboras sudamericanas del género *Bothrops*. Las mordeduras de estas serpientes matan a más personas en el continente americano que cualquier otra serpiente venenosa. El segundo, *Antivenin Cascabel*, trató el envenenamiento por el cascabel sudamericano, una serpiente de cascabel tropical. En 1936, los laboratorios Mulford expandieron el negocio a las mordeduras de araña, cuando produjeron un antídoto contra la peligrosa viuda negra del sur (*Latrodectus mactans*).

En la actualidad el problema de producción y suministro de antídotos es multifacético. Aunque la Organización Mundial de la Salud incluye los antídotos contra venenos de serpiente en su

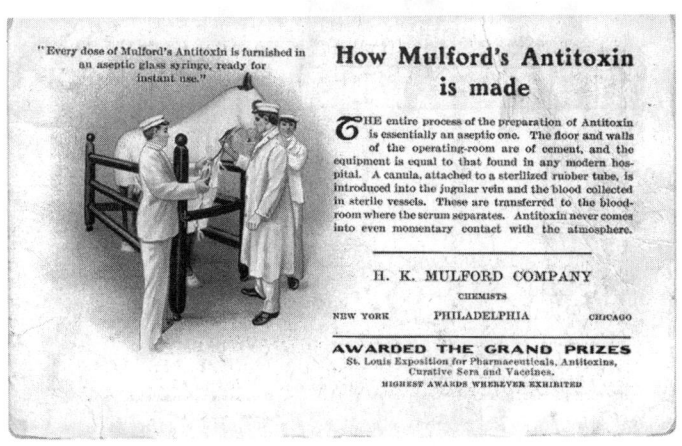

Publicidad de la H. K. Mulford Company. La tarjeta muestra a profesionales de la compañía utilizando jeringas de vidrio asépticas de Mulford con cánula, en el contexto de la Exposición de San Luis para Farmacéuticos, Antitoxinas y Sueros Curativos. Esta exposición destacó los avances en la medicina, incluyendo la producción de antitoxinas y vacunas (c. 1900) [Miami University Libraries].

Latrodectus mactans, conocida como la viuda negra americana, es una especie de araña venenosa nativa de América del Norte, famosa por su distintivo color negro brillante y la marca roja en forma de reloj de arena en su abdomen. Su veneno es extremadamente potente, con neurotoxinas que pueden causar un síndrome llamado latrodectismo, caracterizado por dolor intenso, calambres musculares y, en casos raros, síntomas sistémicos graves. A pesar de su reputación, las mordeduras de la viuda negra rara vez son fatales, especialmente con tratamiento médico adecuado [Tobias Hauke].

lista de medicamentos esenciales, estos fármacos son costosos y escasean en muchas zonas del mundo. Las poblaciones más afectadas tienden a vivir y trabajar en áreas rurales donde las serpientes venenosas son endémicas, especialmente en países menos desarrollados con viviendas que permiten un acceso sencillo a los reptiles.

Si por casualidad está presente cuando una serpiente venenosa muerde a una persona, puede seguir los siguientes sencillos consejos. El primer paso es solicitar de inmediato ayuda de emergencia. Mientras espera auxilio, lave la mordedura con agua y jabón. Mantenga el área mordida quieta y más baja que el corazón. Cubra el área con una compresa fría y limpia o con un vendaje húmedo para aliviar la hinchazón y la incomodidad. Vigile la respiración y la frecuencia cardíaca. En caso de hinchazón, quite anillos, relojes, pulseras o cualquier objeto que pueda oprimir. Anote la hora de la mordedura, por si fuera necesario informar a los sanitarios. Trate de dibujar un círculo alrededor del área afectada, marcando el momento de la picadura y la reacción inicial. Si es posible, marque la progresión de la lesión. Procure recordar el tamaño y el tipo de serpiente, o incluso, si existe la posibilidad, fotografíe al animal, porque será una información útil y relevante para el personal sanitario. No aplique un torniquete y no intente succionar el veneno.

Los humanos y los animales venenosos no tenemos buena sintonía. El miedo a las serpientes y a las arañas es innato, un sentimiento irracional desarrollado para proteger nuestra vida, porque desde hace miles de años nuestra especie sabe que, a poco que nos descuidemos, la mordedura de estos bichos puede darnos billete preferente en dirección al cementerio. De hecho, la teoría de la detección de serpientes, postula que la antigua relación depredador-presa, entre serpientes y primates, desempeñó un papel importante en la evolución y en la expansión del sistema visual de estos últimos. La necesidad vital de detectar serpientes con rapidez habría dado forma al cerebro de los primates, de tal manera que desarrollaron habilidades perceptivas agudas y, en particular, la capacidad de detectar y procesar de inmediato señales visuales que sugieran la presencia de serpientes. La presión evolutiva ejercida por las serpientes también habría llevado al desarrollo de un «módulo de miedo» en el cerebro de los primates, una estructura que es selectivamente sensible y es automáticamente activada por estímulos evolutivos relevantes para la amenaza, lo que permite su rápida detección. La evidencia de la existencia de dicho sustrato neurobiológico, para la detección eficiente de amenazas reptilianas en primates, proviene de la identificación de neuronas talámicas en el cerebro de macacos que responden selectivamente a imágenes de serpientes.

Sin embargo, no todos los mamíferos son igual de caguetas que los humanos o el resto de primates, porque algunos consumen ofidios con regularidad, e incluso, unos pocos muestran cierta resistencia a diversos venenos temibles, ya sean de serpientes o de otros cabroncetes. Por ejemplo, la mangosta egipcia (*Herpestes ichneumon*) es conocida por su resistencia a los venenos vipéridos y elápidos. También los erizos, las mofetas, las ardillas terrestres e incluso los cerdos muestran cierta resistencia a algunos venenos, pero por encima de todos ellos destaca la zarigüeya de Virginia (*Didelphis virginiana*), el único marsupial de América del Norte.

Sello postal impreso en España que ilustra a *Herpestes ichneumon*, c. 1972.

En 1607 un pequeño grupo de ingleses desembarcaron de tres barcos a orillas del río Jamestown, en un lugar que luego pasó a formar parte del estado de Virginia. Esperaban establecerse allí y construir la primera colonia o pueblo inglés en América del Norte. Uno de los exploradores, el famoso capitán John Smith, que es reconocido por establecer el primer asentamiento británico en Norteamérica y por su relación con la americana nativa Pocahontas, mientras cazaba en el bosque, encontró un animal extraño con pelaje gris canoso y una cola desnuda y escamosa. El rostro largo y blanco del animal terminaba en una nariz rosada y brillante. Para Smith, aquella criatura parecía un mosaico entre un gato, una rata y un cerdo. Además, notó algo aún más inusual. El animal tenía una bolsa escondida en la piel del vientre. Dentro de este bolsillo forrado de piel, había una camada de zarigüeyas bebé, acurrucada, cálida y segura.

El capitán Smith había viajado por Europa y África, pero nunca había encontrado un animal como este. Lógico, porque de los más de 330 marsupiales que hay en el mundo, dos tercios viven en Australia, y la mayor parte del tercio restante mora en América del Sur. Solo uno, la zarigüeya de Virginia, habita en los EE. UU. y en América del Norte. Smith preguntó a los indios locales Powhatan, la tribu a la que pertenecía Pocahontas, cómo llamaban al animal. *Apasam*, respondieron. Significaba «animal

Sello postal estadounidense con el desembarco del capitán Smith, c. 1907.

blanco». Smith confundió la pronunciación, y escribió en su diario la palabra «opassum». Más tarde, el término derivó en *opossum*, la palabra inglesa utilizada para nombrar a las zarigüeyas.

La zarigüeya de Virginia es un animal peculiar, que cuando siente una amenaza se queda tieso como la mojama. Hacerse la muerta no es un acto voluntario del animalito, sino una respuesta fisiológica al peligro sobre el que no tienen control. La actuación suele ser bastante convincente. Las zarigüeyas retraen los labios hacia atrás para mostrar los dientes, echan espuma por la boca e incluso emiten secreciones de olor pútrido por las glándulas anales. Pueden permanecer en este estado catatónico desde unos pocos minutos hasta unas pocas horas. Una vez que recuperan la conciencia, continúan tan panchas, como si no hubiera pasado nada. Sin embargo, por encima de la aptitud para el teatro, el superpoder fabuloso de la zarigüeya de

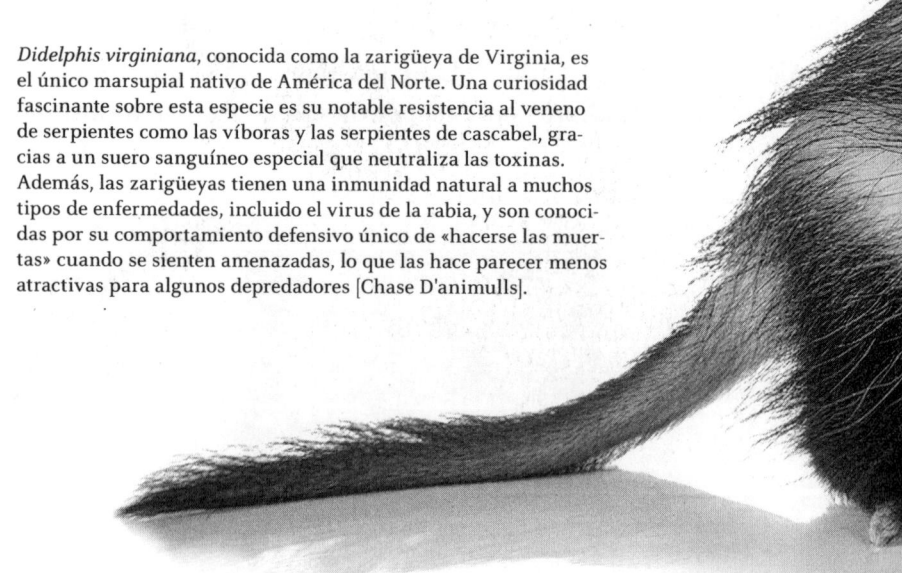

Didelphis virginiana, conocida como la zarigüeya de Virginia, es el único marsupial nativo de América del Norte. Una curiosidad fascinante sobre esta especie es su notable resistencia al veneno de serpientes como las víboras y las serpientes de cascabel, gracias a un suero sanguíneo especial que neutraliza las toxinas. Además, las zarigüeyas tienen una inmunidad natural a muchos tipos de enfermedades, incluido el virus de la rabia, y son conocidas por su comportamiento defensivo único de «hacerse las muertas» cuando se sienten amenazadas, lo que las hace parecer menos atractivas para algunos depredadores [Chase D'animulls].

Virginia es que resiste el veneno de un montón de bichos, ya sean abejas, escorpiones o numerosas especies de serpientes venenosas. Además, rara vez contraen la rabia o la enfermedad de Lyme, que es transmitida por garrapatas. Las zarigüeyas, en relación con la comida, son tragonas oportunistas, capaces de comer cualquier cosa que esté disponible para ellas, incluidas plantas y animales. En áreas donde prevalecen las garrapatas, las zarigüeyas pueden zampar grandes cantidades de estos ectoparásitos, y un solo ejemplar alcanza a devorar hasta cinco mil arácnidos por temporada. De hecho, más del 95 % de las garrapatas que osan intentar alimentarse de las zarigüeyas son localizadas y depredadas. Las zarigüeyas también comen otros animales indeseables, susceptibles de causar plagas, como cucarachas, ratas, ratones y otros pequeños roedores. A veces, incluso ingieren carroña.

A todo eso, sumamos que las toxinas responsables de provocar el botulismo parece que no le hacen ni cosquillas. Algo alucinante, teniendo en cuenta que la toxina botulínica, producida por la bacteria *Clostrydium botulinum*, es una de las sustancias más mortíferas que existen. Bastan unos 0,00000015 gramos de esta proteína para acabar con la vida de una persona adulta de complexión mediana.

A mediados de la década de 1970, los investigadores del Laboratorio Biomédico Edgewood Arsenal demostraron que la zarigüeya de Virginia es muy resistente al veneno administrado por vía intramuscular o intravenosa de varias especies de serpientes crotálidas. En 1979, fue aislada del suero de la zarigüeya de Virginia una primera proteína, denominada oprin, con capacidad para inhibir el veneno de serpiente cascabel diamantina del oeste (*Crotalus atrox*). Después han sido descritos en la sangre de las zarigüeyas otros compuestos que pueden actuar como

La *Crotalus atrox*, serpiente de cascabel diamante occidental, es una de las especies de serpientes venenosas más grandes y peligrosas de Norteamérica, encontrada principalmente en el suroeste de Estados Unidos y el norte de México. Es conocida por su característico sonido de cascabel o sonajero, que utiliza como advertencia para ahuyentar a posibles depredadores o intrusos. Tiene la capacidad para controlar la cantidad de veneno que inyecta al morder, lo que le permite «dosificar» según sea necesario para cazar o defenderse. Además, posee un patrón de coloración de diamantes oscuros en su dorso, lo que le proporciona un excelente camuflaje en su hábitat desértico [Eric Isselee].

antídoto del veneno de diferentes serpientes. En la actualidad, sabemos que el factor neutralizante de toxinas letales (LTNF), un factor antiletal aislado del suero de la zarigüeya de Virginia, neutraliza la letalidad de los venenos de todas las principales familias de serpientes. El efecto neutralizador de LTNF sobre el veneno de la cobra, la víbora de Russell, las serpientes de cascabel, las venenosas serpientes marinas y muchos otros ofidios venenosos, junto con el veneno de escorpión, el veneno de abeja, la toxina de ricina, derivada de plantas, y la toxina botulínica bacteriana han sido demostrados experimentalmente. Por lo tanto, LTNF tiene potencial como terapia universal para el envenenamiento. Los péptidos sintéticos con diez aminoácidos designados como LT-10 (LKAMDPTPPL), derivados de la fracción N-terminal de LTNF, podrían provocar una propiedad neutralizadora de toxinas letales similar a la de LTNF. Los péptidos LTNF y LT-10 consiguen inhibir la letalidad de las toxinas animales, vegetales y bacterianas cuando se han probado en ratones. Por lo tanto, se ha sugerido el uso del péptido LT-10 como tratamiento antialérgico y de amplio espectro para el envenenamiento por serpiente. Además, varias investigaciones apuntan a que el péptido LT-10 exhibe un papel terapéutico en el asma, la diabetes mellitus, la depresión y las enfermedades autoinmunes, debido a su potencial informado para reducir los niveles de IgE libre.

Tarde o temprano, llegarán nuevos antivenenos de próxima generación. Es posible que sean desarrollados a través de productos híbridos que contengan mezclas de anticuerpos, como por ejemplo anti-3FTX, anti-PLA2, anti-SVSP, anti-SVMP, fragmentos de anticuerpos e inhibidores de moléculas pequeñas como por ejemplo Marimastat y Varespladib. PLA2, 3ftx, SVSP y SVMP son las principales toxinas de veneno de serpiente a las que van dirigidas las terapias de próxima generación, debido a su abundancia dominante e importante implicación patológica en las víctimas de mordeduras de ofidios. Por otra parte, Maristastat y Batimastat, dos inhibidores de la metaloproteinasa hidroxamato peptidomiméticos, consiguen reducir, en modelos de ratón, la letalidad del veneno de la víbora de alfombra de África Occidental (*Echis ocellatus*). Son necesarios más estudios para evaluar la eficacia, las dosis y la vía de administración de las potenciales terapias alternativas, pero están en camino futuros fármacos prometedores, que pueden ser utilizados en tratamientos de amplio espectro dirigidos al envenenamiento por mordedura de serpiente, y quizás, la zarigüeya de Virginia, un superorganismo, inusual y, por cierto, bastante cuqui, sea una pieza fundamental en el proceso.

📖 Para leer más:

- De Castro, Karla. 2020. «From Animal Poisons and Venoms to Medicines: Achievements, Challenges and Perspectives in Drug Discovery». *Frontiers in Pharmacology* 11: 1132.
- Drabeck, Danielle. 2022. «Ancestrally Reconstructed von Willebrand Factor Reveals Evidence for Trench Warfare Coevolution between Opossums and Pit Vipers». *Molecular Biology and Evolution* 39 (7): msac140.
- Glabskiy, Yuri. 2022. «Effect of urbanization on the opossum *Didelphis virginiana* health and implications for zoonotic diseases». *Journal of Urban Ecology* 8 (1): juac015.
- Komives, Claire. 2017. «Opossum peptide that can neutralize rattlesnake venom is expressed in *Escherichia coli*». *Biotechnology Progress* 33 (1): 81-86.
- Nepovimova, Eugenie. 2019. «The history of poisoning: from ancient times until modern ERA». *Archives of Toxicology* 93: 11-24.
- Oliveira, Ana. 2022. «The chemistry of snake venom and its medicinal potential». *Nature Reviews* 6: 451-469.
- Reumont, Bjoern. 2022. «Modern venomics—Current insights, novel methods, and future perspectives in biological and applied animal venom research». *GigaScience* 11: 1-27.
- Werner, Marshall. 2021. «Bacterial expression of a snake venom metalloproteinase inhibitory protein from the North American opossum (*D. virginiana*)». *Toxicon* 194: 1-10.

LA LUZ QUE HAY EN TI

La luz que hay en ti es un tema navideño, risueño y aterciopelado, que sabe a turrón y a mazapán, y que es cantado con voz algodonosa por Leire Martínez, la vocalista de *La Oreja de Van Gogh*, una banda musical, originaria de San Sebastián, que trabaja el género pop rock. El estribillo repite, en varias ocasiones, que «así es la luz que nace en ti». Desde luego, ya sea en el 25 de diciembre, o en la segunda quincena de mayo, hay personas que brillan, aunque sea en lenguaje metafórico, con luz propia. Más allá de las coyunturas líricas, o de trampear un poquillo, embadurnando la piel con maquillaje fosforescente u orquestando un espectáculo circense de cincuenta euros la butaca, es insólito que un humano, a voluntad propia, y por mucho que apriete los dientes, reluzca como el corazón de tungsteno de una bombilla. Sin embargo, aunque parezca extraño, en la naturaleza, sí que existen superorganismos con capacidad de brillar, relucir o centellear. Y algunos, lo hacen con tanta intensidad, que parecen tener incrustadas cientos de lámparas led diminutas.

La bioluminiscencia que exhiben algunos seres es el fenómeno de emisión de luz que resulta de una reacción de oxidación catalizada por enzimas en organismos vivos. Habiendo evolucionado independientemente docenas de veces, la bioluminiscencia brinda a los organismos una ventaja tangible en ciertos contextos ecológicos. La capacidad de emitir luz en la oscuridad ha sido observada en unas 10 000 especies de 800 géneros, aunque lo más probable es que esta cifra sea una subestimación. El beneficio exacto de la emisión de luz en diversos entornos está lejos de ser evidente para varias especies, sin embargo, en la mayoría de los casos, se cree que la bioluminiscencia sirve para el propósito de la comunicación visual, para ahuyentar a los depredadores, atraer presas o en el comportamiento de cortejo.

La evolución ha encontrado y resuelto numerosas soluciones bioquímicas para la bioluminiscencia, lo que demuestra que la capacidad de brillar es accesible para taxones de organismos vivos muy diversos, desde bacterias hasta hongos y animales. En Japón existe un interés especial por los hongos bioluminiscentes. Desde tiempos de inmemoriales, en especial después del período Edo, cuando la gente tenía más momentos para el recreo, ha habido tradiciones japonesas orientadas a disfrutar de la naturaleza por la noche, incluyendo mirar la Luna (*Tsukimi*) y las luciér-

Cortina de teatro del Shintomiza, con un boceto improvisado de yōkais, creada por Kawanabe Kyōsai en 1880. Kanagaki Robun, dramaturgo del final del período Edo y la era Meiji, presentó la cortina al teatro Shintomiza, uno de los más representativos de Tokio en los inicios de la era Meiji. El 30 de junio de 1880 (Meiji 13), Kyōsai, amigo de Robun, completó la obra en cuatro horas mientras disfrutaba de sake. Los yōkai, inspirados en actores populares como

nagas (*Hotaru-gari*); escuchar llamadas de insectos (*Mushi-kiki*), y deambular en caminatas nocturnas (*Kōchū-tozan*). Por lo tanto, no sorprende que, durante estas actividades, las personas presenciaran, por accidente, hongos bioluminiscentes o micelios brillantes en la oscuridad y, a veces, pensaran que este brillo insólito era causado por *Yōkai*, una clase de criaturas pertenecientes al folclore japonés y que son responsables de originar presencias o fenómenos que podrían ser descritos como misteriosos o espeluznantes. De hecho, en Japón, muchos organismos bioluminiscentes terrestres a menudo han sido descubiertos basándose en observaciones esporádicas por personas comunes o naturalistas aficionados. Ejemplos de tales organismos incluyen las lombrices de tierra bioluminiscentes *Microscolex phosphoreus* y *Pontodrilus litoralis*, el milpiés *Paraspirobolus lucifugus*, el colémbolo *Lobella sp.*, el pequeño hongo *Marasmiellus lucidus* y el hongo escarlata *Cruentomycena orientalis*.

Ichikawa Danjuro IX y Onoe Kikugoro V, quienes eran figuras destacadas del mundo del Kabuki en ese momento, parecen salir de sus cestas de kuzu y lanzarse hacia la audiencia en el teatro Shintomiza. Esta pieza es muy interesante tanto por ser obra de Kyōsai, un pintor de gran originalidad, como por ser un raro ejemplo de una cortina teatral bien conservada [Dr. Tsubouchi Memorial Theater Museum, Waseda University].

Hotarugari o *Cazando luciérnagas* es una xilografía japonesa creada por Mizuno Toshikata en 1891, como parte de la serie *Treinta y seis selecciones elegantes* (Sanjûroku kasen). Representa una escena serena de mujeres capturando luciérnagas, una actividad tradicional que simboliza la belleza efímera y la conexión con la naturaleza en la cultura japonesa. La delicadeza del grabado refleja el estilo refinado del *ukiyo-e* de finales del período Edo, destacando la elegancia de las mujeres de la era *Tenmei* mientras se entregan a este pasatiempo poético y contemplativo.

En el año 2020, veintisiete científicos publicaron, en la revista *Nature Biotechnology*, un trabajo en el que describían el diseño de plantas de tabaco modificadas genéticamente, con un sistema de bioluminiscencia fúngica que convierte el ácido cafeico, presente en todas las plantas, en luciferina, que después es oxidada para producir fotones. Los autores informaron que, gracias a los hongos, habían logrado una luminiscencia autosostenida en plantas, que era visible a simple vista, y que los vegetales podían producir más de mil millones de fotones por minuto.

En muchos organismos, varias luciferinas, las pequeñas moléculas propensas a la emisión de luz tras la oxidación, han sido derivadas por evolución, a partir de vías bioquímicas no relacionadas. La oxidación de estas moléculas es catalizada por enzimas no homólogas, luciferasas, para crear una paleta de reacciones emisoras de luz que son diferentes en color, velocidad de catálisis, localización celular y dependencia de ATP, NADH y otros metabolitos. En consecuencia, el rango espectral de emisión de luz de los organismos bioluminiscentes se extiende desde cerca de los 400 nm a los 700 nm, es decir, de luz azul a roja. Las variedades de azul son los colores más comunes en la emisión de luz, seguidos del verde. Muy pocas especies emiten luz violeta, amarilla, naranja o roja. Algunos ejemplos destacados son las luciérnagas y el único caracol terrestre bioluminiscente conocido, *Quantula striata*, nativo de los trópicos del sudeste asiático, que producen bioluminiscencia amarilla, o tres géneros de peces dragón de mandíbula suelta de aguas profundas (*Aristostomias*, *Pachystomias* y *Malacosteus*) que emiten bioluminiscencia roja. En algunas zonas de Tennessee, Carolina del Norte y Carolina del Sur, los enjambres naturales de luciérnagas *Photuris frontalis* brillan de forma sincrónica. Estas luciérnagas son una de las pocas especies conocidas por su sincronía precisa y continua. Las luciérnagas sincrónicas, en las que los machos congregados parpadean al unísono, posiblemente para optimizar la comunicación de cortejo con las hembras posadas en tierra, ha sido considerado durante mucho tiempo un modelo pintoresco de sincronía natural. En el Parque Nacional de las Grandes Montañas Humeantes (en inglés Great Smoky Mountains National Park), que está desparramado a ambos lados de la frontera entre Carolina del Norte y Tennessee, se encuentra la población más grande de luciérnagas sincrónicas del hemisferio occidental. Cada junio, son marcados varios días del calendario para el avistamiento oficial de luciérnagas sincrónicas en el Parque Nacional de las Grandes Montañas Humeantes, ubicado a lo largo de la cadena de las Grandes Montañas Humeantes, que son parte de los Montes Azules, ambas, a su vez, divisiones de los vastos Montes Apalaches.

Una luciérnaga despliega sus alas y se prepara para volar [Chase D'animulls].

En realidad, el motivo de la preferencia por el color azulón de la bioluminiscencia está relacionado con el entorno predominante de los organismos bioluminiscentes, que suele ser el mar, donde la luz azul puede penetrar mejor. Esto es lo que ocurre con la Vargulina o Cypridina luciferina, un tripéptido modificado que emite luz azulada, y que es un metabolito que aparece en el género *Porichthys*, un grupo de peces conocidos como peces guardiamarina o peces sapo, y en los crustáceos ostrácodos marinos del género *Cypridina*.

La especie *Vargula hilgendorfii*, basiónimo de *Cypridina hilgendorfii*, es apodada luciérnaga de mar, produce luz de color azul y abunda en las aguas costeras del sur de Japón. En la nación nipona es una de las tres especies luminiscentes denominadas *Umi-Hotaru*, que traducido significa algo así como «mar de luciérnagas». Al mismo tiempo, el apelativo Umi-Hotaru también es empleado para nombrar a la única área de descanso de autopista del mundo que está ubicada encima del mar. Forma parte de la vía Tokyo Wan Aqua-Line, una autopista que discurre por debajo de la bahía de Tokio, desde Kisarazu en Chiba, hasta Kawasaki en la prefectura de Kanagawa. Durante la Segunda Guerra Mundial, en ocasiones puntuales, el ejército japonés usaba luciérnagas marinas secas como fuente de luz tenue, para leer mapas con discreción y evitar ser descubiertos por el enemigo. Entre otras aplicaciones actuales, la Cypridina luciferina ha sido ampliamente utilizada en obtención de bioimágenes, en estudios de ritmos circadianos y en inmunoensayos.

Los dinoflagelados, eucariotas unicelulares que pueden ser fotosintéticos y heterótrofos, son un claro ejemplo de organismos luminiscentes que tienen un ciclo circadiano. Forman parte del plancton en ambientes marinos y de agua dulce, y ostentan gran importancia ecológica, al ser un alimento crítico para los organismos filtradores, reciclar el material orgánico y excretar nutrientes inorgánicos que vuelven a estar disponibles para los productores primarios, entre otras empresas. Según los últimos datos de AlgaeBase, una base de datos global de especies de todos los grupos de algas, hay 3711 especies en la superclase Dinoflagellata, de las cuales solo 68 han sido clasificadas como bioluminiscentes. Los dinoflagelados también son bien conocidos por causar efectos lumínicos sorprendentes en el agua. En este sentido, la especie de dinoflagelado *Pyrodinium bahamense* ha sido identificada como responsable de las «bahías bioluminiscentes» de Jamaica y Puerto Rico, y el dinoflagelado *Noctiluca scintillans*, cuyo nombre en latín significa «brillante

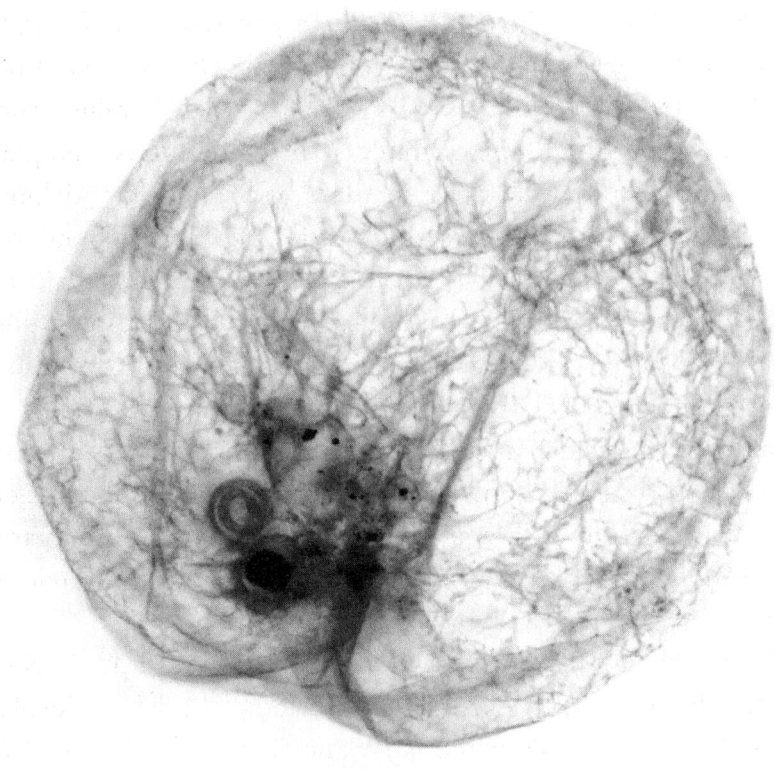

Vista microscópica de *Noctiluca scintillans*,
comúnmente conocida como la chispa del mar.

por la noche», es considerado una fuente importante de bioluminiscencia en muchas regiones, incluido el mar de Cortés, el océano Índico y el mar Arábigo. Caído el Sol, las floraciones nocturnas y centelleantes de *Noctiluca* pueden brillar de forma hermosa con un tono azulino, pero su presencia también puede absorber el oxígeno del agua y causar hipoxia y zonas muertas. A pesar de que *Noctiluca scintillans* detenta una distribución global, existen variedades regionales con características distintas. Una de esas variedades, que es endémica de las aguas del sureste de Asia y de la región del mar Arábigo, contiene, dentro de las vacuolas, al simbionte flagelado verde fotosintético *Pedinomonas noctilucae*, que proporciona alrededor del 70 % de las necesidades energéticas de *Noctiluca* y provoca que el organismo brille con tonos verdosos fantásticos. Otra variedad de *Noctiluca*, que carece de endosimbiontes verdes, y reluce con matices rojizos, está ampliamente distribuida en aguas templadas y subtropicales, y el color rojo anaranjado emitido es debido a los pigmentos carotenoides sintetizados *de novo* u obtenidos a través de la alimentación. *Noctiluca scintillans* flota bajo la superficie y emite destellos brillantes cuando es molestado por un contacto físico directo, con bastante probabilidad para asustar o distraer a los depredadores. Pasar la mano por el agua, nadar en ella o incluso navegar provoca que *Noctiluca* brille. En el año 350 a. C., el filósofo griego Aristóteles consideraba que el relámpago era similar a cuando «golpeas el mar con una vara de noche y el agua se ve brillar». ¿Estaba Aristóteles citando a *Noctiluca scintillans*?

El tema tiene jugo y ha sido exprimido por multitud de personalidades a lo largo de la historia. En 1605, el célebre filósofo inglés Francis Bacon comentó que «...no es propiedad exclusiva del fuego dar luz; ...pequeñas gotas de agua de mar, arrancadas por el movimiento de los remos al remar, parecen brillantes y luminosas».

A pesar de todo, *Noctiluca scintillans* no es siempre protagonista. En 1492, durante el acercamiento al ignoto continente americano, Cristóbal Colón observó destellos de luz en el océano, un hecho que los científicos suponen ahora que fue producido por gusanos marinos bioluminiscentes del género *Odontosyllis*, que periódicamente suben en masa a la superficie del agua para aparearse. Desde luego, los espectáculos lumínicos marinos creados por organismos vivos son apabullantes, y entre todos ellos, destaca uno que alcanza el nivel prémium, y que es conocido como mar de ardora o mar de leche, *milky seas* en inglés.

El 30 de enero de 1864, el buque de guerra confederado CSS Alabama ingresó a lo que su capitán describió como un «parche notable del mar». El Alabama, que navegaba hacia el suroeste, a lo largo del Cuerno de África, fue uno de los varios barcos confederados que surcaron los océanos del mundo durante la guerra civil estadounidense, para asaltar las naves mercantes

El capitán Raphael Semmes (en primer plano) y su oficial, teniente John M. Kell (al fondo), en la cubierta del Alabama durante una visita a Ciudad del Cabo en agosto de 1863 [Naval History and Heritage Command].

de la Unión y así debilitar al enemigo. Por formidables piratas que fueran, el capitán Raphael Semmes, y el resto de la tripulación, estaban asustados por el mar que encontraron esa tarde de enero. «Alrededor de las ocho de la noche, no había Luna, pero el cielo estaba despejado y las estrellas brillaban intensamente, de repente pasamos del agua azul profunda en la que habíamos estado navegando, a una mancha de agua tan blanca que me sobresaltó», relató Semmes en un libro de memorias. Al principio pensó que el brillo pálido y constante indicaba una cresta sumergida, pero una cuerda con peso, que la tripulación dejó caer sobre la borda, se hundió 600 pies sin tocar fondo. «Alrededor del horizonte había un resplandor tenue, o rubor, como si hubiera una iluminación distante, mientras que arriba había un cielo oscuro y espeluznante», escribió Semmes. El Alabama viajó a través del agua fantasmal durante varias horas, y después salió del parche lechoso, de forma tan abrupta como había entrado. El relato, obtenido de primera mano del capitán Semmes, es una contribución valiosa, aunque involuntaria, a la ciencia, porque supone una de las primeras descripciones confiables de lo que hoy conocemos como mar de ardora.

La principal información histórica reciente relacionada con los mares lechosos, que tienen la apariencia surrealista de un campo de nieve iluminado por el día, bajo un cielo oscuro y sin luna, está basada en las narraciones de los navegantes, con 235 avistamientos catalogados durante el período 1915-1993, unos tres por año, concentrados en y sesgados hacia las principales rutas de navegación. Los informes marineros, redactados con mano temblorosa a lo largo de los siglos, sugieren que los mares lechosos aparecen, con preferencia, en la región noroccidental del océano Índico. A diferencia de los destellos transitorios de bioluminiscencia producidos por el fitoplancton en aguas agitadas, los mares lechosos producen un brillo constante, incluso en aguas tranquilas.

Las lágrimas azules de *Noctiluca scintillans* en Matsu, Taiwán, ofrecen un espectáculo visual fascinante. Este fenómeno de bioluminiscencia ha sido registrado desde tiempos remotos, con menciones en textos chinos que datan de hace más de mil años, donde se creía que las aguas resplandecientes eran el reflejo de las estrellas o señales de buenos augurios. En la actualidad, estas microalgas, conocidas como «chispas de mar», emiten luz cuando son agitadas por el movimiento de las olas o el paso de peces. Aunque su brillo hipnotiza a los visitantes, también puede reflejar cambios en el ecosistema marino, ya que en grandes concentraciones pueden ser indicativas de desequilibrios en los nutrientes del agua [Candyfloss Film].

Investigaciones recientes indican que el mar de ardora es causado por bacterias luminosas de la especie *Vibrio harveyi*. Al parecer, la bioluminiscencia de los mares lechosos surge de una relación saprofita, expresada a macro escala, entre microalgas y las bacterias luminosas, que se comunican entre sí, a través de un proceso llamado *quorum sensing*, y desencadenan una respuesta brillante al llegar a poblaciones críticas.

Todo apunta a que *Vibrio harveyi* es un superorganismo que, de vez en cuando, hace pinitos como estilista de la naturaleza. Habitualmente, los mares lechosos han eludido la investigación científica, debido a su naturaleza remota, transitoria e infrecuente, pero en julio de 1985, un buque de investigación naval de los EE. UU., se topó con un mar de ardora en el mar Arábigo, cerca de Socotra, y recogió diversas muestras. El análisis del agua identificó la presencia de la bacteria *Vibrio harveyi* colonizando a la microalga *Phaocystis*. Este hallazgo condujo a la hipótesis de que la formación de los mares lechosos puede ser atribuida a *Vibrio harveyi*, en asociación con grandes manchas superficiales de material orgánico. En enero de 1995, el S.S. Lima atravesó un mar lechoso, a unos noventa kilómetros de la costa de Somalia. El encuentro fue confirmado desde el espacio por el Sistema Operacional de Exploración Lineal (OLS) del Programa de Satélites Meteorológicos de Defensa (DMSP). Las imágenes OLS revelaron una región luminosa en forma de coma, de unos 15 400 kilómetros cuadrados, es decir, seis veces más grande que el estado soberano de Luxemburgo, cuyos límites coincidían con las coordenadas de entrada y salida del S.S. Lima. La gigantesca y brillante franja del océano persistió durante varias noches consecutivas.

El 6 de enero de 1832, mientras estaba a bordo del Beagle, frente a la costa de Tenerife, Charles Darwin escribió en su cuaderno zoológico que el mar era luminoso, de un color uniforme, levemente lechoso. ¿Navegó Darwin a través de un mar de ardora?

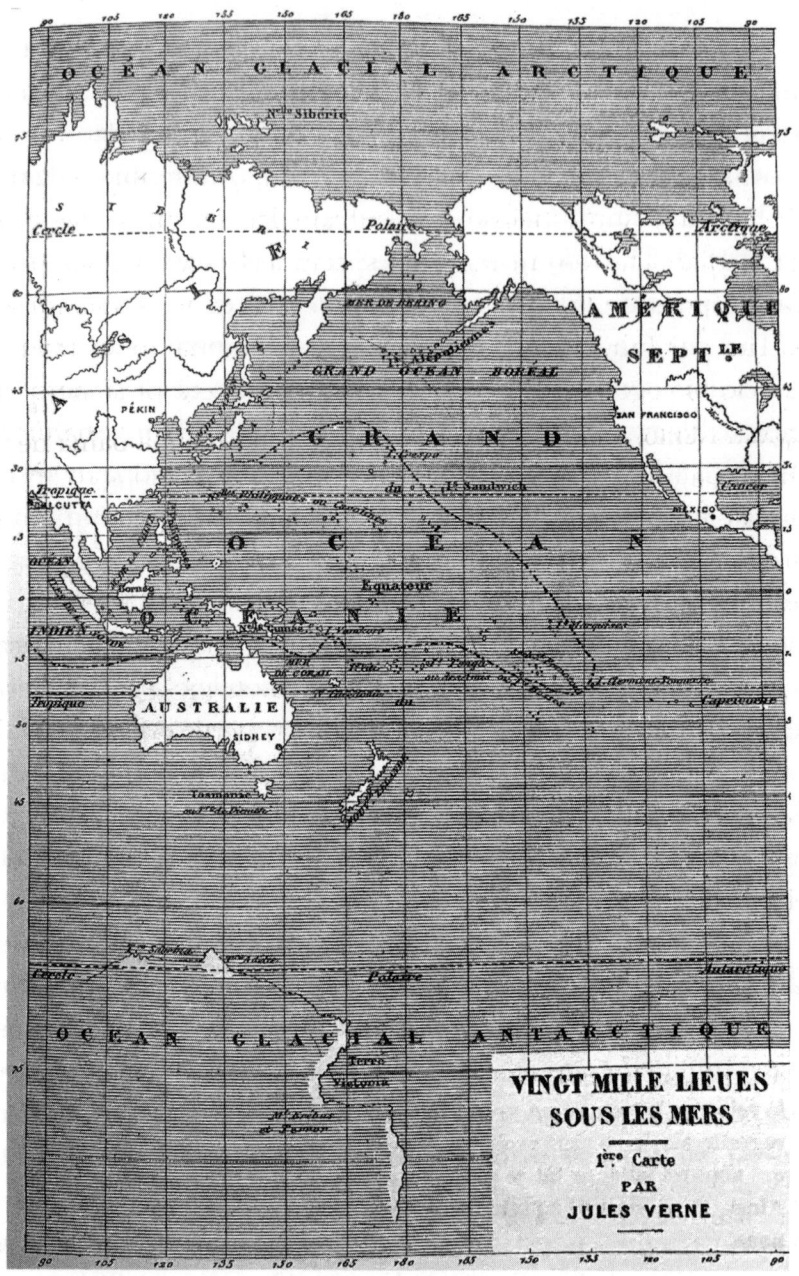

Ruta del Nautilus a través del Pacífico, según se describe en *Veinte mil leguas de viaje submarino*. Esta ilustración de J. Sédille apareció originalmente en la edición editada por Pierre-Jules Hetzel, que se publicó en forma de serie de marzo de 1869 a junio de 1870 y en formato de libro en 1870. La imagen también ha sido incluida en ediciones más recientes de la obra.

Además de marineros, los mares de leche han deslumbrado a imponentes autores de la literatura universal. Herman Melville, en la épica novela *Moby Dick*, publicada en 1851, retrató los mares de leche como malos augurios, y describió el terror silencioso y supersticioso que sufrían los marinos al entrar, de medianoche, en un mar de aspecto lechoso. Casi dos décadas después, en la novela *Veinte mil leguas de viaje submarino*, escrita por Julio Verne y publicada el 20 de marzo de 1869, el ficticio biólogo marino Pierre Aronnax, que era prisionero del capitán Nemo, viajó a través de un mar lechoso en la bahía de Bengala, e informó a un asistente, con tranquilidad, que la sorprendente blancura del agua era causada únicamente por la presencia de miríadas de infusorios, una especie de gusanitos luminosos, gelatinosos y sin color. Tradicionalmente, infusorio, era un término colectivo aplicado para criaturas acuáticas diminutas como ciliados, euglenoides, protozoos, algas unicelulares y pequeños invertebrados. Los primeros organismos de estas características, observados en el siglo XVII por Anton van Leeuwenhoek, que es considerado uno de los padres de la microbiología, fueron obtenidos a partir de infusiones de heno, de ahí el nombre de infusorios.

La bacteria *Vibrio harveyi* habita en el océano y ocupa varios entornos diferentes, con numerosas funciones ecológicas, ya que puede existir como células planctónicas en el agua de mar, como microbio mutualista o como parásito. En el papel de parásito, *Vibrio harveyi* causa mortalidad masiva en las poblaciones de camarones, al alterar la función estomacal por adherirse al revestimiento quitinoso del estómago. Otros organismos marinos, como las ostras perleras, los caballitos de mar y las langostas, también son afectados por la colonización estomacal de *Vibrio harveyi*. En relaciones mutualistas, el microorganismo proporciona bioluminiscencia bacteriana o capacidades metabólicas especializadas para ocupar un hábitat rico en nutrientes dentro de su organismo huésped. Han sido demostradas, en todas las áreas del mar Mediterráneo, relaciones mutualistas entre las poblaciones de *Vibrio harveyi* y el hidrozoo *Aglaophenia octadonta*. Al parecer, *Aglaophenia octadonta* proporciona nutrientes para las especies de *Vibrio* dentro de las estructuras quitinosas que forman el hidroide, y es factible que las bacterias puedan degradar el material quitinoso en formas más útiles para el organismo huésped.

Gran parte del conocimiento sobre las relaciones mutualistas entre las bacterias bioluminiscentes y los organismos huéspedes está centrado en la relación de la bacteria *Allivibrio fisheri* con la sepia hawaiana (*Euprymna scolopes*). Este idilio, establecido dentro del órgano de luz del calamar, proporciona nutrientes al microorganismo, a cambio de la capacidad bacteriana para producir bioluminiscencia. En realidad, el calamar nace sin bacterias en sus dos órganos de luz, y las células bacterianas, presentes en el agua de mar circundante, deben superar varios obstáculos físicos y químicos y responder a otras señales químicas para colonizar al juvenil emergido del huevo. Una vez que las bacterias invaden con éxito el órgano de luz, *Allivibrio fisheri* se divide y aumenta en densidad, lo que da como resultado la inducción de bioluminiscencia. Esta colonización bacteriana inicial establece un mutualismo de por vida. El vínculo dispone una variedad importante de propósitos, incluidos la comunicación intraespecífica del huésped, el camuflaje contra la luz proveniente de la luna y la atracción de presas.

El rape puede ser el depredador más famoso que utiliza la bioluminiscencia para atraer presas. Este pez tiene un cabezón enorme, aspecto monstruoso, dientes afilados y un filamento largo, delgado y carnoso que surge de la parte superior de la cabeza. En el extremo del filamento hay una bola que el rape puede encender. Los rapes ceratioideos (suborden Ceratioidei) constan de 167 especies englobadas en once familias y son el suborden de peces con más especies en la zona batipelágica. La mayoría de las hembras de rape ceratioide albergan bacterias simbióticas luminosas extracelulares en la proyección, que es similar a un señuelo, anclada sobre la cabeza del animal. Los géneros *Cryptopsaras* y *Ceratias* albergan simbiontes bacterianos adicionales en unas protuberancias, con forma de bolsa, anteriores a la aleta dorsal, que son conocidas como carúnculas. Parece ser que la simbiosis bioluminiscente es esencial para la supervivencia de los rapes adultos, aunque la función exacta es desconocida. Existen varias propuestas entre las que destacan el actuar de señuelo para atraer presas, confundir a los depredadores o señalar parejas. Investigaciones recientes han demostrado que dos especies de rape comúnmente recolectadas, *Cryptopsaras couesii* y *Melanocetus johnsonii*, linajes huéspedes que divergieron hace aproximadamente cien millones de años, albergan una especie distinta de simbionte bacteriano. En concreto, *Cryptopsaras couesii* contiene a *Candidatus Enterovibrio luxaltus* y *Melanocetus johnsonii* hospeda a *Candidatus Enterovibrio escacola*.

Desde luego, el rape no es el único animal que emplea la bioluminiscencia para cazar. Las larvas del díptero *Arachnocampa luminosa*, llamada *titiwai* por los maoríes de Nueva Zelanda, atraen a las presas utilizando luz azul verdosa, que es emitida por un órgano de luz especializado, derivado de los túbulos de Malpighi modificados y que está localizado en el extremo posterior del cuerpo. *Arachnocampa* solo vive donde la humedad es alta y hay poco movimiento de aire, en zonas protegidas de la selva tropical o barrancos y cuevas bordeados de helechos arborescentes, con arroyos o ríos que ingresan a ellos. Las celebérrimas cuevas Waitomo Glowworm y Spellbound Cave, en la isla Norte de Nueva Zelanda, tienen poblaciones de miles de individuos, lo que proporciona una exhibición espectacular, día y noche, de maravillosa bioluminiscencia, que deja a los turistas con la mandíbula a ras de suelo.

La *Arachnocampa luminosa*, una especie de luciérnaga endémica de Nueva Zelanda, ilumina con su bioluminiscencia las cuevas Ruakuri en Waitomo, isla Norte, creando un espectáculo natural deslumbrante en la oscuridad. Estas pequeñas larvas producen luz para atraer a sus presas, generando un resplandor azul verdoso que tapiza los techos de las cuevas como un cielo estrellado subterráneo. Descubiertas por los maoríes hace siglos, las cuevas de Waitomo han sido un lugar de fascinación tanto para exploradores como para científicos, que estudian cómo estas criaturas convierten energía química en luz. Hoy en día, este fenómeno sigue siendo una atracción turística única, ofreciendo a los visitantes la experiencia de caminar bajo un «firmamento» iluminado por estos fascinantes seres [Wonder Lust Pics Travel].

Las larvas de *Arachnocampa luminosa* construyen un nido compuesto por un tubo mucoso que cuelga, como una lámpara, debajo de un sustrato sólido unido por una red. Los largos hilos penden del techo, a modo de aparejos de pesca, repletos de gotas de pegamento espaciadas de forma uniforme, construyendo una cortina adhesiva que presenta una función similar a las telarañas. Las líneas de pesca tienen entre 1 y 50 centímetros de longitud y están separadas 5 milímetros. Las larvas esperan pacientes la llegada de insectos voladores, como polillas, efímeras, flebótomos e incluso individuos adultos de *Arachnocampa luminosa,* o también la comparecencia de insectos rastreros como isópodos, hormigas, anfípodos y milpiés, que son atraídos por la mortífera luz, y después «ñam, ñam». La dieta también puede incluir pequeños caracoles terrestres. Tras la pitanza, *Arachnocampa luminosa* siempre retira los restos del banquete del nido, de modo que las líneas de pesca permanezcan limpias y listas para capturar más manduca.

Las estrategias que involucran a la bioluminiscencia son diversas y apabullantes. El gusano poliqueto *Swima bombiviridis,* descubierto en el año 2009, ha sido hallado a profundidades de hasta 3700 metros en los océanos, mide entre 18 y 93 milímetros, y posee unos apéndices esféricos en el cuello, que son bioluminiscentes, y que puede soltar, como bombas de color verde brillante que duran unos segundos y que distraen a los depredadores hasta que el animal escapa.

Es probable que el proceso evolutivo que culminó, en múltiples organismos, con la aparición natural de la bioluminiscencia, necesitara millones de años, pero en la actualidad, las aplicaciones científicas derivadas son tremendas, surgen con celeridad y continúan revolucionando nuestro mundo moderno.

📖 Para leer más:

- Allen, Calista. 2022. «*Vibrio harveyi* Exhibits the Growth Advantage in Stationary Phase Phenotype during Long-Term Incubation». *Microbiology Spectrum* 10 (1): e02144-21.
- Essock-Burns, Tara. 2023. «Maturation state of colonization sites promotes symbiotic resiliency in the *Euprymna scolopes-Vibrio fischeri* partnership». *Microbiome* 11 (1): 68.
- Guckes, Kirsten. 2023. «The type-VI secretion system of the beneficial symbiont *Vibrio fischeri*». *Microbiology* 169 (2): 001302.
- Hendry, Tory. 2018. «Ongoing Transposon-Mediated Genome Reduction in the Luminous Bacterial Symbionts of Deep-Sea Ceratioid Anglerfishes». *mBio* 9 (3): e01033-18.
- Inouye, Satoshi. 2022. «Multiple Cypridina Luciferase Genes in the Genome of Individual Ostracods, *Vargula hilgendorfii* (*Cypridina hilgendorfii*)». *Photochemistry and Photobiology* 98 (6): 1293-1302.
- Miller, Steven. 2022. «Boat encounter with the 2019 Java bioluminescent milky sea: Views from on-deck confirm satellite detection». *Proceedings of the National Academy of Sciences (PNAS)* 119 (29): e2207612119.
- Mitiouchkina, Tatiana. 2020. «Plants with genetically encoded autoluminescence». *Nature Biotechnology* 38: 944-946.
- Wolff, Jonas. 2021. «Adhesive Droplets of Glowworm Snares (Keroplatidae: *Arachnocampa* spp.) Are a Complex Mix of Organic Compounds». *Frontiers of Mechanical Engineering* 7: 661422.
- Zhang, Shuwen. 2021. «Population dynamics and interactions of *Noctiluca scintillans* and *Mesodinium rubrum* during their successive blooms in a subtropical coastal water». *Science of the Total Environment* 755 (Pt 1):142349.

¿QUÉ MÁS PUEDE PEDIR UN CAMARÓN?

La obra *El Sol*, pintada en 1911 por Edvard Munch, es quizás el mayor logro de la pintura mural moderna. Con una estructura simétrica, ocupa el enorme espacio frontal del salón de actos de la Universidad de Oslo, dominando el espacio a través del tamaño, la frontalidad absoluta y el poder figurativo. La pintura expresionista de los rayos y la simetría del diseño refuerzan la potencia de la imagen, que casi parece irradiar calor y luz.

El Sol es una estrella vital y vivificante, esencial para la humanidad y para la viabilidad del planeta Tierra, que ha sido representada, a lo largo de la historia, en decenas de ocasiones por artistas de talla XXL, como Eugéne Delacroix, René Magritte, Frida Kahlo, Van Gogh, Salvador Dalí o Claude Monet, por citar unos pocos titanes. De hecho, la icónica pintura titulada *Impresión, sol naciente*, creada en 1872 por Monet, es considerada el punto de partida del movimiento artístico denominado impresionismo, que revolucionó el mundo del arte en el siglo XIX.

En realidad, el protagonismo es lógico, porque, siendo egoístas, el Sol no es una estrella más de las cuantiosas esparcidas por el universo, que tachonan, brillo aquí y destello allá, nuestro cielo nocturno. La razón principal, y obvia, es que esta bola caliente de gases brillantes, que palpita en el corazón de nuestro

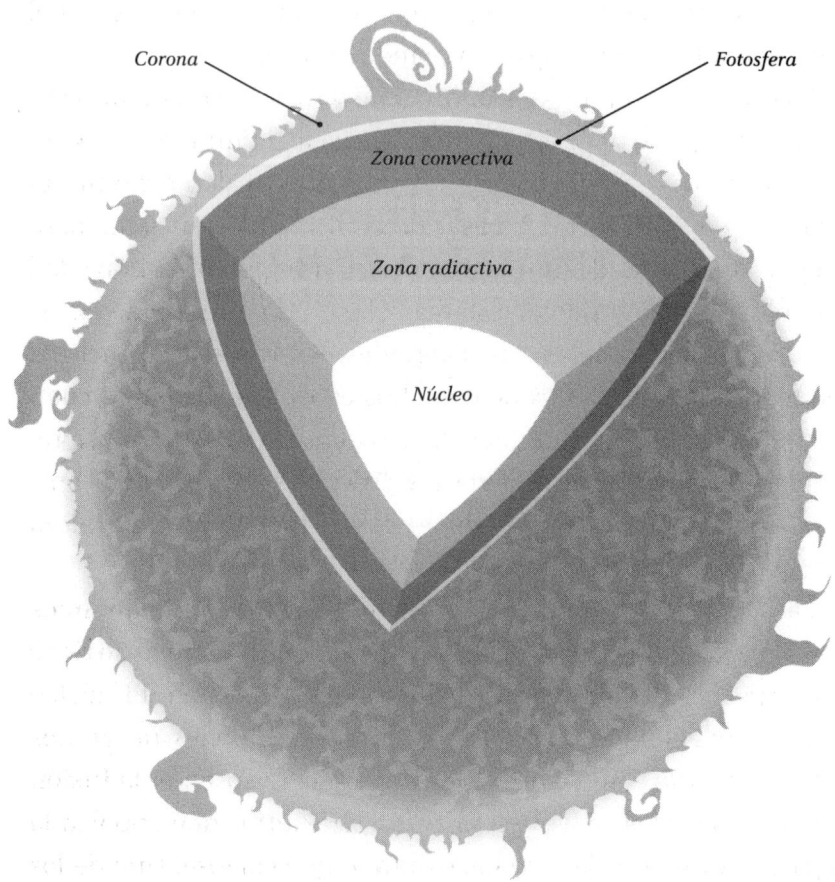

Corona

Fotosfera

Zona convectiva

Zona radiactiva

Núcleo

El Sol es una estrella de tipo espectral G2V que se encuentra en el centro del sistema solar y es la fuente principal de energía para la Tierra. Su estructura se compone de varias capas: en el núcleo, que es su parte más interna, ocurren reacciones de fusión nuclear que convierten hidrógeno en helio, liberando enormes cantidades de energía en forma de radiación. Alrededor del núcleo, la zona radiativa transporta esta energía hacia la superficie mediante radiación. Más allá se encuentra la zona convectiva, donde la energía se transporta a través de movimientos de convección de gases calientes. La fotosfera, la capa visible del Sol, emite la luz que percibimos en la Tierra. La cromosfera y la corona, sus capas más externas, son visibles durante los eclipses solares y se caracterizan por temperaturas extremadamente altas y la emisión de radiación ultravioleta y rayos X. En el siglo XVII, el astrónomo italiano Galileo Galilei fue uno de los primeros en observar manchas solares a través de un telescopio, desafiando la creencia de que el Sol era un cuerpo celeste inmaculado y perfecto. Este descubrimiento apoyó la idea de que los cuerpos celestes no eran inmutables, como afirmaba la doctrina aristotélica, y contribuyó a la revolución científica que puso en cuestión la visión geocéntrica del universo. Las manchas solares son ahora conocidas como regiones de intensa actividad magnética que pueden influir en el clima terrestre y las comunicaciones satelitales [SkyPics Studio].

sistema solar, es crítica para la vida. Sin la intensa energía y el calor del Sol, la Tierra sería un planeta estéril.

La estrella, compuesta de hidrógeno y helio, y con un tamaño 109 veces superior a la Tierra, está situada a 150 millones de kilómetros de nuestro planeta. Los rayos solares tardan ocho minutos en llegar a la Tierra. A pesar de la distancia, suficiente para relegar al Camino de Santiago a división regional, la gravedad del Sol mantiene unido el sistema solar. Todo gira alrededor de la estrella. Los planetas, los asteroides, los cometas e, incluso, los pequeños fragmentos de desechos espaciales bailan al compás que marca el Sol. También, la actividad de nuestra omnipresente estrella, desde las poderosas erupciones hasta el flujo constante de partículas cargadas que emite, influye en la naturaleza del espacio en todo el sistema solar.

La parte del Sol que vemos desde la Tierra, que llamamos superficie, es la fotosfera, pero, la verdad es que la estrella no tiene una superficie sólida, porque es una bola de plasma. El núcleo alcanza una temperatura de unos quince millones de grados Celsius, lo suficientemente caliente como para sostener la fusión nuclear. Esto crea una presión hacia el exterior que soporta la gigantesca masa de la estrella, evitando que colapse. Uno de los mayores misterios del Sol es que la fotosfera tiene una temperatura relativamente fría, de unos 5500 grados Celsius, y que la atmósfera exterior de la estrella, la corona, se calienta a medida que se aleja de la superficie. La corona alcanza hasta dos millones de grados Celsius. Es decir, muchísimo más caliente que la fotosfera. Aun así, la superficie se basta, por si solita, para chamuscar al más pintado. No existe ningún ser vivo conocido que soporte la temperatura que alcanza la fotosfera solar y que, claro está, viva para contarlo. Sin embargo, en los océanos habita una criatura insólita que, por irreal que parezca, es capaz de generar tanto calor como el manifestado por la superficie solar.

Ilustración de *Alpheus heterochaelis* [Ernst Mayr Library].

El superorganismo en cuestión es el camarón pistola (*Alpheus heterochaelis*), un crustáceo de color verde oscuro translúcido, con puntas anaranjadas y azules en los urópodos, que mide unos cinco centímetros de longitud. Reside en las aguas tropicales y semitropicales del golfo de México, las Indias Occidentales, las islas Bermudas y el océano Atlántico occidental, desde el cabo Hatteras, al sur, hasta Florida y Brasil. El animal vive cerca del fondo marino, en aguas poco profundas, prefiriendo arrecifes, praderas de fanerógamas marinas, marismas y zonas fangosas.

El camarón tiene una dieta fundamentada en gusanos, pequeños crustáceos y peces despistados, que atrapa con una técnica especial y única, basada en el tamaño de una de sus tenazas. Este animal destaca, como los cangrejos violinistas y algún otro crustáceo, por la asimetría de sus tenazas. Cuenta con una pequeña, denominada pinza, que utiliza para el desplazamiento y para agarrar objetos y animales, y otra más grande, que alcanza los tres centímetros de longitud, y que emplea para la defensa y la caza.

Cuando el camarón pistola identifica una presa, abre la tenaza grande, y después la cierra en cuestión de microsegundos, con una fuerza monumental y a una velocidad vertiginosa que alcanza los 108 kilómetros por hora. Esta impresionante acción genera una burbuja de cavitación, que es casi tan caliente como la superficie del Sol. La cavitación es la formación y explosión repentina de burbujas de vapor, creadas en un fluido por efecto de la presión. Al explotar, la burbuja creada por la tenaza del camarón puede alcanzar, por un brevísimo lapso temporal, temperaturas de hasta 6000 grados Celsius, y un sonido estruendoso de hasta 220 decibelios. Para ponernos en situación, a partir de 120 decibelios el oído humano entra en el umbral del dolor y hay riesgo de sordera. Los 120 decibelios son, por ejemplo, los generados por el ruido del despegue de un avión a menos de veinticinco metros o por la detonación de un petardo que estalla cerca.

Alpheus heterochaelis destaca por su inusual pinza asimétrica, significativamente más grande que la otra. Esta pinza es capaz de cerrarse con una velocidad y fuerza tan extremas que genera una onda de choque en el agua, produciendo un sonido parecido al de un disparo, uno de los más intensos del océano, que puede alcanzar hasta 220 decibelios. Este «disparo» no solo es utilizado para cazar presas, sino también para comunicarse y defenderse de depredadores. Además, el chasquido genera una burbuja de cavitación que, al colapsar, emite una breve ráfaga de luz, un fenómeno conocido como sonoluminiscencia [Matthew R. McClure].

Este método de caza, conocido como chasquido, origina una onda de choque y un haz de luz, que solo puede ser percibido con equipos fotográficos especiales, que aturde y causa la muerte instantánea de las presas. El rápido colapso de las burbujas en cavitación, creadas por el camarón pistola, causa un efecto de sonoluminiscencia, que es un fenómeno físico caracterizado por la emisión de luz en líquidos sometidos a ultrasonidos. No ha sido identificada ninguna otra clase de animal que sea capaz de crear un fenómeno de sonoluminiscencia.

Algunas especies de camarones pistola viven en colonias, y en las áreas donde existe alta densidad de individuos pueden aparecer interferencias en las capacidades del sonar de los barcos. Los fuertes estallidos sónicos producidos por los numerosos camarones pistola que forman una colonia rivalizan con los sonidos de las llamadas del cachalote y la beluga. Por ello, entre 1944 y 1945, la Marina de los EE. UU. usó, deliberadamente, a las colonias de los camarones pistola, abundantes en las costas niponas, para sortear los hidrófonos instalados en los puertos de Japón. Un hidrófono es un dispositivo transductor por el cual un sonido producido en un medio acuático puede ser transformado en electricidad, de manera que pueda ser identificado. Los camarones pistola actuaban de pantalla acústica, enmascarando el ruido de los motores de los submarinos estadounidenses y permitiendo el acercamiento a la costa sin ser detectados, para lograr el ataque sorpresivo a objetivos japoneses.

Otro superorganismo, que debe ser primo segundo, o tercero, del anterior, también aprovecha el fenómeno de la cavitación. El sujeto en cuestión es el camarón mantis (*Gonodactylus smithii*), un bello crustáceo malacostráceo, nativo del océano Indo-Pacífico, que alcanza los doce centímetros de longitud y que está presente desde la región de Australia, a través de la India, hasta el este de África.

La cavitación es un fenómeno común en las hélices de los barcos, que crean un flujo continuo de burbujas que, con el tiempo, colapsan y erosionan el metal. Las burbujas de cavitación son creadas cuando un objeto se mueve a través del agua a velocidades muy altas, y origina gradientes de velocidad extremos en el agua que fluye. Bajo las condiciones adecuadas, esto produce una cavidad o burbuja en la que la presión es tan baja que el agua se vaporiza. Cuando las burbujas colapsan bajo altas presiones ambientales, emiten energía en forma de sonido, luz y ondas de calor. Todo el proceso ocurre en cuestión de milisegundos. En el caso del camarón mantis, este animal presenta unas patas delanteras especializadas, empleadas para protección y alimentación, que pueden lanzar poderosos golpes de alta velocidad. Hay muchas especies diferentes de camarón mantis, y la morfología del apéndice delantero cambia, pudiendo ser clasificado como arpón, aplastador o indiferenciado.

Camarón mantis [Lotus Images].

El camarón mantis es el Mike Tyson del mar. El crustáceo emplea las patas, con forma de garrote o guante de boxeo, para noquear en el primer asalto a las potenciales presas o a los presuntos enemigos. De serie, aplica una gran fuerza inicial, brutal y difícil de encajar, pero, ahí no acaba la velada, porque para desgracia de los adversarios, las especies aplastadoras indiferenciadas de camarón mantis tienen un extra, y pueden amplificar la potencia del impacto al producir burbujas de cavitación. Así consiguen romper con facilidad las conchas de los moluscos, o incluso cristales de acuario de hasta 6,3 milímetros de espesor.

El apéndice modificado del camarón mantis, denominado apéndice raptorial, está dividido en cuatro segmentos: el mero, que es el más cercano al cuerpo; el carpo; el propodo, y el dáctilo. La forma del dáctilo diferencia al camarón como arpón, aplastador o especie indiferenciada. Los apéndices puntiagudos son segmentos largos y picudos que cortan el agua y las pre-

Vista frontal detallada de un camarón mantis en su hábitat [J. S. Lamy].

sas blandas. Los apéndices trituradores e indiferenciados, por otro lado, tienen «talones» romos y bulbosos en el dáctilo, que son usados para dar golpes contundentes a corta distancia. Este talón crea la burbuja de cavitación, que golpea con una aceleración tan grande, de alrededor de 345 metros/segundo y equivalente a una fuerza de 1500 Newton, que es proporcional al disparo de una bala del calibre 22. De un solo golpe, el camarón mantis puede vencer y reventar a contrincantes ocho veces más grandes que él. Algo parecido a que un ser humano fuera capaz de derribar, de un único manotazo, a un elefante.

Además, los camarones mantis poseen, quizás, la retina más compleja de todos los sistemas visuales conocidos. Cuentan con doce fotorreceptores espectrales, y otros para polarización lineal y circular y detección de intensidad, lo que eleva el número total de canales de entrada a veinte, superando con mucho, con la posible excepción de las mariposas, a la diversidad de receptores de otros animales, que comúnmente tienen entre dos y cuatro sensibilidades espectrales. Los doce receptores de color se distribuyen uniformemente a través del espectro, muestreando desde justo por debajo de 300 nm hasta por encima de 700 nm, y pudiendo captar radiaciones con frecuencias del infrarrojo al ultravioleta. El sentido de la vista del camarón mantis es considerado único y el más complejo del reino animal, aunque lo más probable es que no construyan el espacio de color dodecaédrico del que son capaces, ya que no se conocen tareas de color en la naturaleza que requieran este grado de escrutinio. La capacidad visual del camarón mantis sirvió de inspiración para que, en el año 2021, un equipo multidisciplinar de científicos, dirigido por el profesor de ingeniería eléctrica e informática Viktor Gruev, desarrollara biocámaras con capacidad para detectar, durante procedimientos oncológicos, la ubicación más precisa de tumores.

El 15 de agosto de 2020, Netflix estrenó la película *Proyect Power,* un filme de superhéroes dirigido por Henry Joost y Ariel Schulman, y protagonizado por el oscarizado actor Jamie Foxx. En el fantasioso largometraje, las vidas de un exsoldado, una adolescente y un policía se cruzan en Nueva Orleans, mientras buscan al suministrador de una pastilla que otorga superpoderes temporales. Art, comandante del Ejército de los EE. UU. y un operador de la Fuerza Delta, es el personaje encarnado por Jamie Foxx, y fue uno de los sujetos de prueba originales del

Cartel promocional de *Proyect Power* [Netflix].

proyecto *Power*. Lo cojonudo de la historia es que Art puede lanzar formidables y destructoras olas de calor, vaporizando el agua que le rodea, porque posee el poder del camarón pistola. Así, como lo lee. El camarón pistola ha sido reconocido por la cultura pop, hasta el punto de inspirar la creación de un super-héroe hollywoodense, que es el protagonista de una producción multimillonaria presupuestada en ochenta y cinco millones de dólares. ¿Qué más puede pedir un camarón?

📖 Para leer más:

- Blair, Steven. 2021. «Hexachromatic bioinspired camera for image-guided cancer surgery». *Science Translational Medicine* 13 (592): eaaw7067.
- Costa-Souza, Ana. 2022. «Populational Evidence Supports a Monogomous Mating System in Five Species of Snapping Shrimps of the Genus *Alpheus* (Caridea: Alpheidae)». *Zoological Studies* 61: 1.
- Cronin, Thomas. 2022. «Colour vision in stomatopod crustaceans». *Philosophical Transactions of the Royal Society B: Biological Sciences* 377 (1862): 20210278.
- Dinh, Jason. 2023. «Tradeoffs explain scaling, sex differences, and seasonal oscillations in the remarkable weapons of snapping shrimp (*Alpheus* spp.)». *eLife* 12: e84589.
- Harrison, Jacob. 2023. «Developing elastic mechanisms: ultrafast motion and cavitation emerge at the millimeter scale in juvenile snapping shrimp». *Journal of Experimental Biology* 226 (4): jeb244645.
- Kingston, Alexandra. 2021. «The orbital hoods of snapping shrimp have Surface features that may represent tradeoffs between vision and protection». *Arthropod Structure & Development* 61: 101025.
- Lillis, Ashlee. 2017. «Sound production patterns of big-clawed snapping shrimp (*Alpheus* spp.) are influenced by time-of-day and social context». *The Journal of the Acoustical Society of America* 142: 3311-3320.
- Song, Zhongchang. 2023. «Sounds of snapping shrimp (*Alpheidae*) as important input to the soundscape in the southeast China coastal sea». *Frontiers in Marine Science* 10: 1029003.

Hans Spemann (1869-1941) fue un biólogo y embriólogo alemán galardonado con el Premio Nobel de Fisiología o Medicina en 1935 por su descubrimiento del «organizador embrionario», una región del embrión que controla el desarrollo de las estructuras corporales. A través de sus experimentos con anfibios, especialmente con embriones de tritones, Spemann demostró que ciertas células tienen la capacidad de dirigir el desarrollo de tejidos y órganos específicos, un hallazgo fundamental para entender los mecanismos de diferenciación celular. Una curiosidad de su trabajo es que, en 1902, realizó uno de los primeros experimentos de clonación animal al dividir el embrión de un tritón en dos partes, produciendo dos individuos idénticos. Su descubrimiento del «organizador de Spemann» sentó las bases de la biología del desarrollo moderno y ha tenido un profundo impacto en campos como la genética, la medicina regenerativa y la biotecnología [The Marine Biological Laboratory].

PANDO

Que desaparezca la tortilla de patata si el nacimiento de la oveja Dolly, el primer animal clonado a partir de una célula adulta (somática), el 5 de julio de 1996, no marcó un momento fundamental en el campo de la genética. El evento proporcionó evidencia inequívoca de equivalencia genómica entre células embrionarias y somáticas, al demostrar que es posible restablecer un estado pluripotente en células diferenciadas.

La clonación de células somáticas consiste, en esencia, en fusionar el núcleo de una célula somática dadora y que, por tanto, contiene la dotación genómica completa, con un óvulo al que se le ha extraído previamente el núcleo, con el objetivo de generar un nuevo individuo genéticamente idéntico al donante. El potencial de la clonación somática es enorme, ya que la técnica puede ser empleada, entre otras metas, para generar copias múltiples de animales de granja de élite genética; la obtención de animales transgénicos; la producción de proteínas farmacéuticas o xenotrasplantes; preservar especies en peligro de extinción; o, incluso, la clonación terapéutica y procesos de alotrasplante.

El concepto de transferencia nuclear de células somáticas (SCNT) fue introducido en 1938 por el científico alemán Hans Spemann, como un medio para estudiar la diferenciación celular. Algunos años más tarde, en 1952, el trabajo pionero de

Robert Briggs y Thomas J. King, realizado en anfibios, condujo a la generación de los primeros animales clonados a partir de células en la etapa de blastocisto. Briggs y King extrajeron núcleos de células somáticas de embriones de rana y los insertaron en ovocitos de rana no fertilizados, a los que les habían quitado el núcleo, y que, por tanto, eran enucleados. Estos huevos se desarrollaron dando origen a renacuajos, algunos de los cuales se transformaron en ranas. En 1966, Ian Wilmut, del Instituto Roslin de Edimburgo, en Escocia, encontró el modo de crear clones partiendo de células adultas y, por lo tanto, diferenciadas. Tres décadas más tarde, el nacimiento de Dolly disipó, irrevocablemente, la hipótesis de que la diferenciación celular implica modificaciones irreversibles que hacen imposible la desdiferenciación celular y, por lo tanto, la clonación de mamíferos.

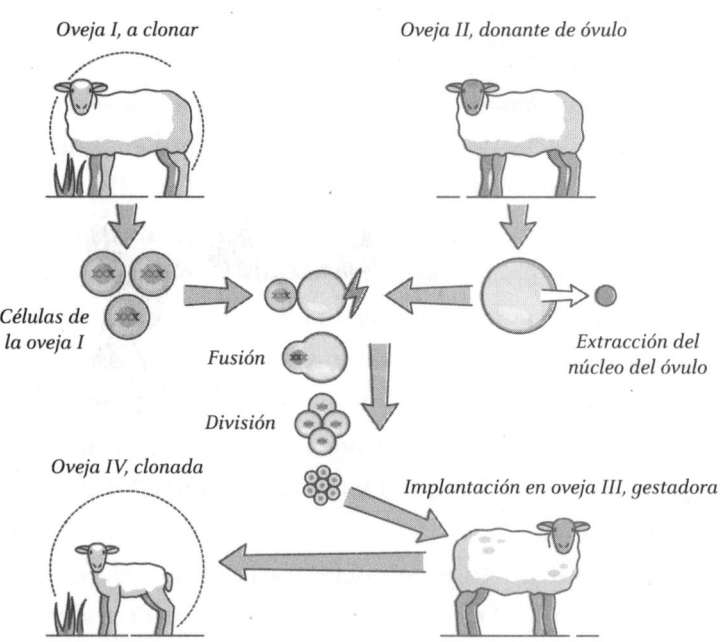

Esquema de la clonación de Dolly.

Dolly fue parte de una serie de experimentos llevados a cabo en el Instituto Roslin, en los que intentaban desarrollar un mejor método para producir ganado modificado genéticamente. Los científicos de Roslin también querían aprender más sobre cómo cambian las células durante el desarrollo, y si una célula especializada, como una célula de la piel o del cerebro, podría ser empleada para crear un animal completamente nuevo. Los experimentos estuvieron dirigidos por el profesor sir Ian Wilmut, y fueron realizados por un equipo de investigación multidisciplinar, formado por científicos, embriólogos, cirujanos, veterinarios y personal de la granja. Dolly fue clonada a partir de una célula extraída de la glándula mamaria de una oveja Finn Dorset de seis años, y de un óvulo extraído de una oveja escocesa Blackface. Nació de su madre sustituta escocesa Blackface, y la cara blanca

La Scottish Blackface es una de las razas de ovejas más antiguas y rústicas del Reino Unido, reconocible por su distintiva cara negra y vellosa, con cuernos curvados. Originaria de las escarpadas y frías montañas de Escocia, es conocida por su capacidad para adaptarse a entornos difíciles y por su notable resistencia al clima adverso, lo que la convierte en una elección popular para la cría en terrenos montañosos y marginales. Además de su lana gruesa, que se utiliza en la producción de tapetes y textiles, la Scottish Blackface se aprecia por su carne, especialmente en la producción de corderos para el mercado. A lo largo de los siglos, esta oveja ha sido fundamental para la economía rural escocesa, manteniendo su relevancia debido a su fortaleza, independencia y habilidad para pastar en condiciones de escasos recursos, características que también la han convertido en una de las razas más exportadas desde Escocia a diferentes partes del mundo.

de Dolly fue una de las primeras señales de que era un clon, porque si estuviera relacionada genéticamente con su madre sustituta, habría tenido una cara negra. Debido a que el ADN de Dolly provino de una célula de la glándula mamaria, recibió su nombre inspirado en la exuberante cantante de country Dolly Parton.

Dolly es importante porque fue el primer mamífero clonado a partir de una célula adulta. El nacimiento de la oveja demostró que podían emplearse células especializadas para crear una copia exacta del animal del que procedían. Este conocimiento cambió lo que los científicos pensaban que era posible, y abrió muchas posibilidades en biología y medicina, incluido el desarrollo de células madre personalizadas conocidas como células iPS.

Sin embargo, Dolly no fue el primer mamífero clonado. Ese honor pertenece a otra oveja, clonada a partir de una célula embrionaria, que nació en 1984 en Cambridge. Otras dos ovejas, Megan y Morag, también precedieron a Dolly, y fueron clonadas, en 1995, a partir de células embrionarias cultivadas en el Instituto Roslin. Otras seis ovejas, clonadas a partir de células embrionarias y fetales, nacieron en Roslin al mismo tiempo que Dolly. El hecho de que Dolly fuera tan especial era debido a que había sido creada a partir de una célula adulta, algo que, en ese momento, nadie creía posible.

Dolly fue presentada al mundo el 22 de febrero de 1997. Los medios de comunicación bulleron frenéticos y, casi de inmediato, comenzó un debate público sobre los posibles beneficios y peligros de la clonación. Al año de vida, un análisis de ADN reveló que los telómeros de Dolly eran más cortos de lo esperado. Los telómeros son secuencias especiales de ADN, localizadas en los extremos de los cromosomas, que protegen al material genético. Cada vez que la célula se divide, los telómeros también se dividen, pero, a veces, a costa de acortar su longitud, facilitando que el ADN sufra daño. Una de las hipótesis más aceptadas es que Dolly tenía los telómeros más cortos porque su ADN provenía de una oveja adulta.

El animal vivió en el Instituto Roslin junto a otras ovejas, y llevó una vida normal. A lo largo de los años, tuvo un total de seis corderos con un carnero Welsh Mountain llamado David. El primogénito, Bonnie, nació en abril de 1998, las gemelas Sally y Rosie nacieron al año siguiente y meses más tarde los trillizos Lucy, Darcy y Cotton.

Tras parir a los últimos corderos, en septiembre de 2000, los cuidadores descubrieron que Dolly estaba infectada con un virus llamado retrovirus de ovejas Jaagsiekte (JSRV), que causa cáncer de pulmón en las ovejas. Un año más tarde, Dolly sufrió artritis y fue tratada con éxito con medicamentos antiinflamatorios. Por desgracia, en febrero de 2003, Dolly empezó a tener tos. Una tomografía computarizada mostró tumores agresivos creciendo en sus pulmones. No había solución, y para evitar que sufriera, tomaron la decisión de sacrificar al animal. Murió el 14 de febrero de 2003, a la edad de seis años, y el Instituto Roslin donó el cuerpo de Dolly al Museo Nacional de Escocia en Edimburgo.

Fotografía de la oveja Dolly, el primer mamífero clonado a partir de una célula adulta, naturalizada y expuesta en el Museo Nacional de Escocia [Jordan Grinnell].

Ryuzo Yanagimachi (1928) es un biólogo pionero en el campo de la reproducción asistida y la clonación. Nacido en Hokkaido, Japón, Yanagimachi es conocido principalmente por desarrollar técnicas revolucionarias en la biología de la reproducción. Su trabajo más destacado fue la clonación de ratones en 1998, a través de un proceso llamado transferencia nuclear de células somáticas, que abrió nuevas posibilidades en la investigación genética y la medicina regenerativa. Este avance fue posterior a la clonación de la oveja Dolly. Además, Yanagimachi también fue pionero en la técnica de inyección intracitoplasmática de espermatozoides (icsi), una herramienta fundamental para el tratamiento de la infertilidad. Su dedicación y numerosos descubrimientos en la biología de la fertilización y la clonación le han valido el reconocimiento como uno de los científicos más influyentes en la biología reproductiva moderna [Facultad de Medicina John A. Burns].

El método empleado para obtener a Dolly resultó complicado, ya que de los 277 embriones que los investigadores clonaron como parte del experimento, la famosa oveja fue el único que nació. A la vista de los resultados, otros científicos, encabezados por Ryuzo Yanagimachi y Teruhiko Wakayama, intentaron mejorar el método, y fruto del esfuerzo, el 3 de octubre de 1997, quince meses después de Dolly, nació el segundo mamífero clonado a partir de una célula adulta, una ratoncita bautizada con el nombre de Cumulina. El nuevo método, denominado como la técnica Honolulu, consistió en retirar los núcleos de los óvulos y reemplazarlos inyectando núcleos tomados de células del cúmulo de ratones adultos, que normalmente desempeñan un papel en la maduración del óvulo. Luego estos óvulos especiales fueron implantados en ratones hembra sustitutos. El nombre de Cumulina está inspirado en las células usadas para su creación. En el año posterior al nacimiento de Cumulina, Wakayama y Yanagimachi clonaron 84 ratones más, poniendo fin al escepticismo persistente sobre si la clonación era practicable. La primera mascota clonada nació el 22 de diciembre de 2001, y fue un gato atigrado, marrón y blanco, de pelo corto, que recibió el nombre de CC, un apelativo derivado de Copy Cat o Carbon Copy. CC murió en Texas, a la edad de dieciocho años.

Hasta el momento, los científicos han clonado decenas de especies diferentes de animales, aunque, según el diccionario de la lengua de la Real Academia Española, la palabra clon es definida como el conjunto de células u organismos genéticamente idénticos, originado por reproducción asexual a partir de una única célula u organismo o por división artificial de estados embrionarios iniciales. En esta definición tienen cabida diferentes y múltiples organismos que constituyen verdaderos clones naturales, como, por ejemplo, las bacterias e, incluso, algunas plantas, que producen descendencia genéticamente idéntica a través de la reproducción asexual. De hecho, en 1903, el fisiólogo de plantas

The symptoms of future shock are with us now. This book can help us survive our collision with tomorrow.

Un ejemplar de *El shock del futuro*, escrito por Alvin Toffler y publicado por Random House. Fue una obra pionera de la futurología que analiza los efectos sociales, psicológicos y culturales del cambio acelerado en la sociedad moderna. Toffler introduce el concepto de «shock del futuro» para describir la desorientación y el estrés que experimentan las personas y las sociedades cuando se enfrentan a cambios tecnológicos y sociales demasiado rápidos para asimilar. El libro predice muchos fenómenos que hoy son realidad, como la sobrecarga informativa, la obsolescencia rápida de productos y habilidades, y el impacto de la tecnología en la vida cotidiana. Toffler también analiza cómo las instituciones, desde la educación hasta la familia, se ven sacudidas por esta aceleración del cambio, y enfatiza la necesidad de que la humanidad desarrolle una mayor capacidad de adaptación y flexibilidad. Su obra, aclamada por su visión de futuro, se ha convertido en un clásico de la sociología y la teoría de la innovación, inspirando a generaciones de pensadores sobre cómo enfrentar los desafíos del mundo en constante transformación.

Herbert J. Webber acuñó el término «clon», del griego *klon*, para referirse a la técnica de propagación de nuevas plantas mediante esquejes, bulbos o brotes y para describir una colonia de organismos derivados asexualmente de un solo progenitor. La contribución de Webber encontró una rápida aceptación entre los botánicos y los biólogos que trabajaban con cultivos celulares. En 1965, la novela de ciencia ficción *The Clone*, todavía usaba la palabra de acuerdo con la connotación original, para describir una masa celular que se expandía por las alcantarillas de una ciudad.

La actual comprensión popular de la clonación tiene sus raíces en un súper ventas titulado *El shock del futuro*, escrito por Alvin Toffler y publicado en 1970. Toffler tomó un concepto científico claro y lo confundió con la predicción fantástica de que el ser humano sería capaz de hacer copias biológicas de sí mismo. De una tacada, certera y contundente, los clones pasaron a ser la simple progenie de la reproducción asexual, a productos sofisticados de ingeniería biológica, creados por científicos empeñados en controlar la naturaleza.

Pero, la naturaleza es indómita y tiene bolsillos de mago, repletos de sorpresas, que aparecen en momentos inesperados, incluso en días anodinos, de los cuajados con horas de saldo. Y, en una de esas jornadas vulgares, la marcada como 15 de noviembre de 1976, que era un lunes gris de nacimiento, por fecha y por ser el día en el que murió el gran Jean Gabin, saltó la liebre.

El fallecimiento de Gabin, que fue un destacado actor y héroe de guerra francés, reconocido por interpretar al perspicaz comisario Jules Maigret en varias películas, coincidió con la publicación de un artículo, en la revista *Canadian Journal of Botany*, escrito por Jerry A. Kemperman y Burton V. Barnes, en el que era descrita el área ocupada por dos clones de álamo temblón (*Populus tremuloides* Michx.), ubicados en la zona de Fish Lake Basin, que es una elevación alpina perteneciente al condado de Sevier, en el estado norteamericano de Utah.

Pando Aspen Trees en Fish Lake, Utah, una maravilla natural única: un enorme bosque conectado por un solo sistema de raíces [Kenneth H. K.].

En América del Norte, el álamo temblón (*Populus tremuloides* Michx.) prospera en gran variedad de paisajes, y puede aparecer en arboledas densas, con piceas y abetos, ubicadas en elevaciones medias, en rodales puros, en arboledas aisladas o en corredores ribereños, situados en elevaciones bajas.

Las masas de álamo temblón están formadas por uno o múltiples clones que se propagan a través de la reproducción sexual, usando semillas y polen arrastrados por el viento, y de la reproducción asexual, empleando el crecimiento clonal a partir de retoños surgidos de las raíces. Las Montañas Rocosas son famosas por ser la sede de grandes rodales clonales de álamos temblones, y los datos apuntan a que, la reproducción asexual es predominante, y que la reproducción sexual solo ocurre durante breves ventanas de oportunidad. A pesar de la singularidad, es raro que una arboleda de álamos llegue a gozar de renombre mundial, pero existe una excepción y, además, tiene nombre propio, se llama Pando.

Pando es un clon rodal de álamo temblón localizado en el Bosque Nacional Fish Lake, en el centro de Utah, en la zona descrita, en 1976, por Kemperman y Barnes. El nombre de Pando proviene del latín *esparzo*, y fue denominado así basándose en su estrategia de reproducción vegetativa y al supuesto linaje antiguo del organismo. En realidad, Pando es un solo árbol, un bosque formado por un único individuo, del que brotan unos 47 000 tallos, a través de un extenso sistema de raíces. Los tallos maduros actuales, comúnmente llamados «árboles», tienen entre 110 y 130 años, pero las conjeturas sobre la edad del clon sugieren que el ejemplar primigenio nació hace miles de años de una sola semilla diminuta. En definitiva, Pando es un superorganismo, un clon natural originado a partir de un solo álamo temblón macho, que ocupa cuarenta y tres hectáreas y que, además de ser de un anciano venerable, supuestamente, pesa unas 6500 toneladas, por lo que, en términos de masa de peso seco, es el ser vivo más pesado conocido. Alucinante, ¿sí o no?

Por desgracia, Pando no está rejuveneciendo al ritmo necesario para sostenerse. El sistema de raíces puede vivir durante milenios, pero los brotes individuales no, y cuando mueren, los nuevos deben ocupar su lugar. La salud del bosque es una ecuación compleja, pero ha sido identificado un factor primordial vinculado al declive de Pando, que es el ramoneo de ungulados como son los ciervos, los alces y el ganado. Si bien está claro que la causa base de la trayectoria actual no es la mortalidad de los árboles maduros, sino el ramoneo crónico de los retoños de álamo temblón en regeneración, es una incógnita cómo este organismo icónico sobrevivió y prosperó, probablemente durante milenios, mientras que parece estar disminuyendo de forma repentina durante nuestro tiempo. Los cambios en el manejo de los herbívoros ungulados, acontecidos en las últimas décadas, brindan la explicación más plausible, aunque es probable que los agentes exacerbantes, como el aumento de la presencia humana y las condiciones climáticas más cálidas o secas, desempeñen un papel decisivo. Parece evidente, que, colectivamente, los impactos humanos directos e indirectos están influyendo negativamente en Pando.

La conservación de Pando juega un papel muy importante en la biodiversidad local, ya que configura un hábitat esencial para una miríada de formas de vida interdependientes. El álamo temblón, en el oeste de las Montañas Rocosas, ocupa el segundo lugar, después de las áreas ribereñas, entre los tipos de bosques que albergan la mayor cantidad de especies. Por esta razón, algunos autores han señalado al álamo temblón, tanto en América del Norte como en Europa, como una especie clave para conservar la biodiversidad. Si Pando está sano, las especies florecen a su alrededor. Por suerte, los recintos cercados, instalados en los últimos años, y que mantienen controlados a los ungulados, muestran signos prometedores de rejuvenecimiento del bosque.

Seamos conscientes de que Pando es una reliquia, una joya que debemos proteger, y un claro ejemplo de que la naturaleza siempre es fascinante y asombrosa.

📖 Para leer más:

- Ding, Chen. 2022. «Assisted migration is plausible for a boreal tree species under climate change: A quantitative and population genetics study of trembling aspen (*Populus tremuloides* Michx.) in western Canada». *Ecology and Evolution* 12(10): e9384.
- Li, Yamei. 2022. «Epigenetic manipulation to improve mouse SCNT embryonic development». *Frontiers in Genetics* 13: 932867.
- Nottle, mark. 2023. «The birth of Dolly and xenotransplantation 25 years on». *Xenotransplantation* 30: e12782.
- Potapov, Ilya. 2017. «Bayes Forest: a data-intensive generator of morphological tree clones». *GigaScience* 6: 1-13.
- Rogers, Paul. 2018. «Mule deer impede Pando's recovery: Implications for aspen resilience from a single-genotype forest». *PLoS ONE* 13(10): e0203619.
- Swegen, Aleona. 2023. «Cloning in action: can embryo splitting, induced pluripotency and somatic cell nuclear transfer contribute to endangered species conservation?». *Biological Reviews* 98: 1225-1249.
- Trepanier, Kaitlyn. 2022. «Effects of Buried Wood on the Development of Populus tremuloides on Various Oil Sands Reclamation Soils». *Forests* 13 (1): 42.
- Yamashita, Melissa. 2023. «Animal Transgenesis and Cloning: Combined Development and Future Perspectives». *Methods in Molecular Biology* 2647: 121-149.

Nápoles, Italia, mayo de 2024 [Grey Zone].

LOS HONGOS DE CHERNÓBIL

El 22 de junio de 1986, los cuartos de final de la Copa Mundial de la FIFA enfrentaron, en el Estadio Azteca de la Ciudad de México, a las selecciones de Argentina e Inglaterra. En el minuto cincuenta y cinco del encuentro, Diego Armando Maradona pisó la pelota en campo propio. Bailó y giró con ella entre dos ingleses «pasmaos». Otro *british*, que estaba de paseo, acompañó el espectáculo a cinco metros de distancia. Chao, chao, hijos de la Gran Bretaña ¿Aquello era fútbol o ballet? Dos por uno *my friend*. La grada bulló de emoción, ayudada por el calor tórrido que licuaba a todo quisqui. El Pelusa arrancó con fuerza por la derecha. Daba zancadas a ritmo de guepardo, pero la portería quedaba más lejos que la victoria argentina en las Maldivas. ¡Me cago en diez! Por mí y por todos mis compañeros. Y el tío aceleró. ¡Brrrum, brrrum! Llevaba el esférico pegadito al pie izquierdo. Iba como un tiro. Si en ese momento Usain Bolt hubiera tenido edad para competir, habría sido para actuar de telonero. ¿Esto es todo Majestad?, preguntaba Argentina enfervorizada.

Pues, no. Había más artillería. De repente, salió al corte un chicarrón rubio, anglosajón de pura cepa, de muslos floridos y con la complexión de un armario de cuatro puertas. Llevaba el seis a la espalda y una cadera de hormigón armado. Con el primer quiebro, Maradona dejó al chaval mirando al tendido. ¡Olé! Otro acorazado esperaba a continuación, e intentó agarrar la cintura del diez argentino sin éxito, porque las farolas no están hechas para detener cometas. Más ingleses, en cuadrilla, y varios con la lengua colgando, llegaron a defender, o, quizás, a pedir autógrafos, que la ocasión, la pintaban calva. Pero a esas alturas, Maradona ya estaba en otro nivel, muy próximo a la divinidad. Sobrado conquistó el área, regateó al portero, sorbió un té, meó al central y chutó el balón para conseguir, con el lateral derecho inglés de testigo protegido, un gol histórico. «¡Genio, genio, ta, ta, ta, goooooool!», gritó Víctor Hugo Morales. «Barrilete cósmico, ¿de qué planeta viniste para dejar en el camino a tanto inglés?», prosiguió la célebre narración del locutor uruguayo. Aquel día, Maradona corrió y sorteó rivales a matacaballo, hasta marcar un gol antológico que recibió el apelativo de Gol del Siglo. Pocos minutos antes, Diego había logrado otro tanto, más pachanguero y carterista, de los que cazan los zorros viejos que son más creyentes que la Santísima Trinidad. El golazo era chanchullero e infame para los ingleses, pero celestial para los argentinos y fue apodado como la Mano de Dios.

 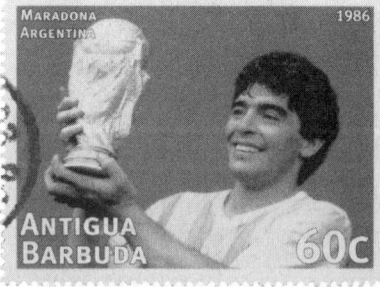

Sellos postales de distintos países rinden homenaje al legendario futbolista argentino Diego Armando Maradona y a su destacada participación en el mundial de 1986. El primer sello, emitido por la República Centroafricana en 1986, muestra una imagen icónica de Maradona en pleno apogeo de su carrera, año en que lideró a Argentina hacia la victoria en el Mundial de México, siendo recordado por sus extraordinarios goles y su habilidad en el campo. El segundo

El resultado definitivo, dos a uno a favor de Argentina, puso al equipo inglés rumbo a la madre patria. En semifinales, otra exhibición de Diego acabó con la Bélgica de Jean-Marie Pfaff y Enzo Scifo, que, en la ronda previa, había eliminado, en los penaltis, a la furia española, entrenada por Miguel Muñoz y comandada por Zubizarreta, Camacho, Michel, Julito Salinas, Butragueño y compañía. Argentina alcanzó la final, que fue disputada el 29 de junio, y ganó el partido, por tres a dos, a la República Federal de Alemania.

Durante un mes, la Copa Mundial de Fútbol endulzó los televisores del planeta, que falta hacía, porque el año había comenzado mal. El 28 de enero de 1986, a las 11:38 horas, hora local de Florida, en los EE. UU., y setenta y tres segundos después del despegue, el transbordador espacial Challenger quedó hecho añicos ante cientos de millones de telespectadores. Las pérdidas humanas tuvieron un valor incalculable, y el quebranto económico un coste estratosférico. Reemplazar la nave y el equipo dañado, sumado a la investigación posterior, supuso un desembolso de

 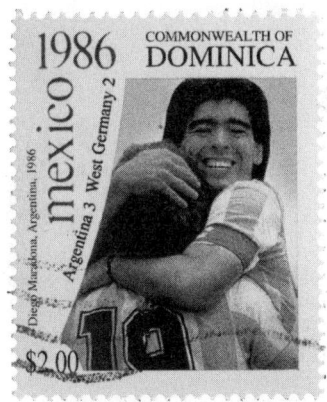

sello, de Antigua y Barbuda, presenta a Maradona sosteniendo el trofeo de la Copa del Mundo, un símbolo del triunfo y de su consagración como uno de los mejores jugadores de todos los tiempos. El tercer sello proviene de las antiguas islas Ellice y se emitió para conmemorar a los campeones de la Copa del Mundo de Fútbol, destacando a Maradona como una figura clave en la historia del deporte. El cuarto, de Dominica, muestra al astro argentino celebrando el gol.

4357 millones de euros, y convirtió, hasta ese momento, a la tragedia del Challenger en el accidente más caro de la historia. El liderazgo duró poco, porque, antes de que estuviera digerida, llegó otra desgracia, inesperada y bestial.

El desastre del transbordador espacial Challenger ocurrió el 28 de enero de 1986, cuando la nave explotó 73 segundos después de despegar del Centro Espacial Kennedy, en Florida. Los siete tripulantes a bordo, incluyendo la maestra Christa McAuliffe, que iba a ser la primera civil en el espacio, fallecieron en el accidente. La causa del desastre fue el fallo de una junta tórica (O-ring) en uno de los cohetes propulsores, que permitió que el gas caliente escapara y dañara el tanque externo de combustible. Este fallo fue provocado por las bajas temperaturas del día del lanzamiento, que comprometieron la elasticidad del material. El desastre fue un punto de inflexión para la NASA, que recibió críticas severas por la presión y las decisiones administrativas que llevaron a ignorar advertencias de ingenieros sobre los riesgos. Como resultado, el programa del transbordador espacial se suspendió por casi tres años mientras se implementaban mejoras de seguridad y se revisaban los procedimientos para prevenir tragedias futuras. Se recuerda como un momento trágico que resaltó los peligros inherentes a la exploración espacial y la necesidad de priorizar la seguridad por encima de todo [Everett].

El 26 de abril, con Europa vestida de primavera, el reactor RBMK número cuatro de la planta de energía nuclear de Chernóbil, ahora en Ucrania y por entonces en la Unión Soviética, tuvo un fallo durante una prueba a baja potencia, y pegó un petardazo tan grande que, a su lado, las mascletás valencianas parecen el arrullo de un par de tórtolas.

La explosión voló sin esfuerzo la tapa de 1200 toneladas del reactor. Acto seguido, el incendio generado demolió el edificio y liberó grandes cantidades de radiación a la atmósfera. Las medidas de seguridad fueron ignoradas —¡maldita sea mi estampa!—, y el combustible de uranio en el reactor, sobrecalentado, echó más leña al fuego. Los reactores RBMK no tienen estructura de contención, una especie de cúpula de hormigón y acero sobre el propio reactor, diseñada para mantener la radiación dentro de la planta, en caso de un accidente de este tipo. En consecuencia, los elementos radiactivos, incluidos el plutonio, el yodo, el estroncio y el cesio, salieron a conocer el barrio y alrededores. Además, los bloques de grafito, utilizados como material moderador en el RBMK, se incendiaron a altas temperaturas, cuando el aire entró en el núcleo del reactor, contribuyendo a la emisión de materiales radiactivos al medioambiente, que formaron una nube malnacida de 162 000 kilómetros cuadrados, que sobrevoló Europa y alcanzó América del Norte. Los elementos tóxicos y radiactivos expulsados fueron unas 500 veces superiores a los liberados por la bomba atómica arrojada por EE. UU. en Hiroshima en 1945. A ojo de buen cubero, el desastre nuclear costó más de 240 000 millones de euros en daños, y hoy en día sigue siendo el accidente más gravoso de la historia.

A raíz del incidente, fue establecida una zona de exclusión de treinta kilómetros alrededor del lugar del accidente. Más de 350.000 personas fueron evacuadas del área. Nunca regresaron. La contaminación radiactiva de Chernóbil ha tenido efectos indirectos en la ecología de la región circundante, por ejem-

Icónica fotografía del reactor 4 al día siguiente de la explosión [Sociedad Ucraniana de Amistad y Relaciones Culturales con Países Extranjeros].

plo, los cambios en la composición microbiológica del suelo han dado como resultado un cambio hacia pastos, arbustos y árboles caducifolios jóvenes en el Bosque Rojo, el área de unos diez kilómetros cuadrados que rodea a la central nuclear y que recibió las dosis más altas de radiación. En ese bosque cadavérico, los pinos murieron al instante y todas las hojas adquirieron color rojo. Pocos animales sobrevivieron a los niveles más altos de radiación. La abundancia de poblaciones de animales silvestres quedó reducida de forma drástica tras el accidente. Teniendo en cuenta el largo tiempo que tardan algunos compuestos radiactivos en descomponerse y desaparecer del medioambiente, la previsión era que la zona permanecería desprovista de vida salvaje durante siglos. Sin embargo, probablemente debido a la falta de perturbación humana, varias especies, minoritarias en la mayor parte del continente europeo, parecen haber encontrado un refugio inesperado en el área contaminada, y han proliferado, logrando mantener poblaciones estables y viables dentro de la zona de exclusión. Ahora, la circunscripción alberga gran biodiversidad y está habitada por osos pardos, bisontes, lobos, linces, caballos de Przewalski y más de doscientas especies de aves, entre otros animales. La significativa diversidad de la fauna de la zona fue reseñada por las actuaciones desarrolladas en el proyecto TREE (TRansfer-Exposure-Effects), liderado por Nick Beresford del Centre for Ecology and Hydrology del Reino Unido. En el transcurso del proyecto, durante varios años, fueron instaladas cámaras de detección de movimiento en diferentes áreas de la zona de exclusión. Las fotos obtenidas revelan la presencia de abundante fauna en todos los niveles de radiación, y registraron la primera observación de osos pardos y bisontes europeos dentro del lado ucraniano de la zona, así como el aumento del número de lobos y caballos de Przewalski. Por desgracia, hay animales que muestran alteraciones significativas. Por ejemplo, algunas aves de Chernóbil tienen un desarrollo cerebral deficiente, vinculado al estrés oxidativo, que ocasiona un volumen de cabeza más pequeño. También presentan una frecuencia elevada de cataratas, y en las golondrinas comunes hay numerosos casos de albinismo parcial.

Es evidente que la radiación puede afectar al material genético de los seres vivos, causando daños irreversibles y generando mutaciones indeseables, pero también puede actuar seleccionando organismos con mecanismos adaptados para sobrevivir en las zonas contaminadas con sustancias radiactivas. Este es el caso de las ranitas de San Antonio orientales (*Hyla orientalis*), encontradas cerca del reactor nuclear accidentado, y que exhiben un aspecto inusual de color negro, debido a la acumulación de melanina, en lugar de mostrar la habitual coloración verde brillante.

El género *Hyla* es un grupo diverso de ranas comúnmente conocidas como ranas arborícolas debido a su hábitat preferido en árboles y arbustos. Perteneciente a la familia *Hylidae*, este género incluye más de treinta especies que se distribuyen principalmente en Europa, Asia y América del Norte. Las ranas del género *Hyla* se caracterizan por sus colores vibrantes, generalmente verdes o marrones, y por sus adaptaciones para la vida arbórea, como discos adhesivos en los dedos que les permiten trepar superficies verticales [Indragiri].

Molécula de la melanina [Shawn Hempel].

El término «melanina» deriva de *melanos,* una palabra griega empleada para el color negro. La melanina es un pigmento de alto peso molecular, ubicuo en la naturaleza, con gran variedad de funciones biológicas y responsable de la coloración oscura en muchos organismos. Esta sustancia puede reducir los efectos negativos de la radiación ultravioleta y también ha sido demostrado que, en los hongos, presenta un papel protector frente a la radiación ionizante.

La capacidad de la melanina para absorber la radiación electromagnética se extiende al rango de los rayos X y los rayos gamma, de modo que tiene una capacidad de protección que es aproximadamente la mitad que la del plomo y el doble que la del carbono. La melanina absorbe y disipa parte de la energía de las ondas radiactivas. Además, puede captar y reducir el número de radicales libres generados. Estas acciones merman la probabilidad de sufrir daños celulares que disminuyan la supervivencia de los individuos. Así, algunos microorganismos melanizados son habitantes habituales de ambientes extremos, incluidas las regiones de gran altitud, el Ártico y la Antártida, donde la radiación ultravioleta y solar es intensa. Hay varios ejemplos, pero, en esta competición, la medalla de oro es para los hongos, negros como el carbón, que han conseguido colonizar las paredes del reactor dañado y radiactivo de Chernóbil. La radiorresistencia mostrada por estos hongos ha sido relacionada con la presencia de melanina.

Al parecer, grandes cantidades de melanina en las paredes celulares de los hongos confieren al organismo la capacidad de tolerar ambientes extremos, al interactuar con una amplia gama de frecuencias de radiación electromagnética. De hecho, diferentes estudios han demostrado que los hongos productores de melanina son capaces de sobrevivir al vacío del espacio y a las condiciones simuladas de Marte en la órbita terrestre baja.

La melanina fúngica tiene protagonismo en múltiples funciones biológicas, mejorando la fuerza de los apresorios durante la invasión del huésped o en la fotoprotección, la recolección de energía y la termorregulación, al absorber y transducir fácilmente dicha radiación electromagnética. Además, varios estudios sugieren que el proceso de radiosíntesis puede ser equivalente a la fotosíntesis, donde la melanina sirve como análogo a la clorofila. Algunas hipótesis apuntan a que la melanina recolecta y convierte la energía de la radiación ionizante en energía química, para que la usen los hongos, de manera similar a cómo la clorofila usa la luz visible para aprovechar la energía.

Los hongos melanizados aislados con mayor frecuencia en Chernóbil pertenecen a las especies *Acremonium strictum, Aspergillus niger, Aspergillus versicolor, Alternaria alternata, Aureobasidium pullulans, Cladosporium sphaerospermum, Cladosporium cladosporioides, Cladosporium herbarum, Penicillium hirsutum* y *Penicillium aurantiogriseum*. El predominio de algunas especies sobre otras está correlacionado con la capacidad para sobrevivir en diferentes niveles de radiación: altos, medios o bajos. Estos superorganismos no solo son resistentes a los ambientes de alta radiación, sino que los estudios sugieren que pueden sentirse atraídos por ella. El fenómeno del «radiotropismo» fúngico positivo, o el crecimiento dirigido y mejorado de las hifas fúngicas hacia las fuentes de radiación ionizante, ha sido descrito en los hongos rebosantes de melanina de Chernóbil y comprobado en hongos aislados en Israel.

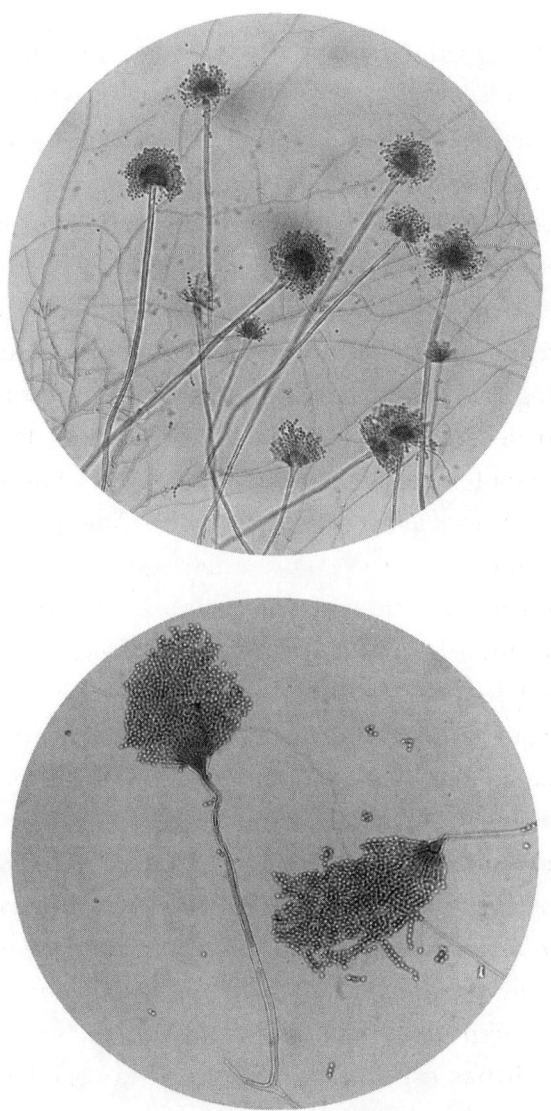

Conidióforos y conidios en *Aspergillus spp*. Los conidióforos son estructuras especializadas que se asemejan a tallos delgados y largos, a menudo ramificados, que emergen del micelio del hongo y terminan en una vesícula esférica. De esta vesícula se desprenden una serie de células llamadas fiálides, que producen esporas asexuales conocidas como conidios. Los conidios de *Aspergillus* son de pequeño tamaño, generalmente de forma redonda o elíptica, y pueden tener una superficie rugosa. Estas esporas son responsables de la dispersión del hongo en el ambiente y son una de las razones por las cuales algunas especies de *Aspergillus* pueden ser patógenas, causando infecciones como la aspergilosis en personas inmunodeprimidas, o deterioro de alimentos y productos almacenados. La visualización de estas estructuras bajo el microscopio es crucial para la identificación del género y para estudios en micología médica, ambiental y agrícola [Jirawan muangnak].

Cultivo de *Alternaria alternata* [Sruilk].

Las laderas opuestas del Bajo Nahal Oren, en el monte Carmelo de Israel, y que han sido designadas como Cañón de la Evolución, muestran dramáticos contrastes bióticos. La mayor radiación solar en la pendiente orientada al sur (pendiente S) la hace espaciotemporalmente más heterogénea, cálida, seca y fluctuante que la pendiente orientada al norte (pendiente N). La pendiente sur, que recibe entre un 200 % y un 800 % más de radiación solar que la ladera norte, está poblada por muchas especies de hongos melanizados, como por ejemplo *Aspergillus niger,* que contiene tres veces más melanina que los hongos de la misma especie que habitan el declive orientado al norte. Cuando distintas especies de hongos de ambas vertientes, pertenecientes a los géneros *Alternaria, Aspergillus, Humicola, Oidiodendron* y *Staphylotrichum,* son sometidos a altas dosis, de hasta 4000 grais (Gy) de radiación, los aislados melanizados de la vertiente sur crecen a tasas mayores que los hongos de la vertiente norte. El gray es la unidad, del Sistema Internacional de Unidades, empleada para medir la dosis de radiación ionizante absorbida por la materia, equivalente a un julio por kilo de materia.

Las implicaciones del descubrimiento de los hongos negros de Chernóbil son potencialmente cósmicas. En el año 2016, SpaceX y la NASA enviaron hongos melanizados al espacio, para comprobar si allí también eran capaces de mitigar la radiación. No obstante, el microorganismo conocido más resistente a la radiación es la bacteria *Deinococcus radiodurans,* que aguanta dosis cercanas a los 15 kGy. Para comprender la barbaridad que es capaz de soportar *Deinococcus radiodurans,* basta mencionar que la dosis estándar para la irradiación de alimentos en los EE. UU. es de 1 kGy, porque es una cuota considerada suficiente para matar la mayor parte de los microbios que contaminan los alimentos. En los últimos años, también *Deinococcus radiodurans* ha sido enviada a la Estación Espacial Internacional (ISS), en la órbita terrestre baja, a unos 360 kilómetros de altitud,

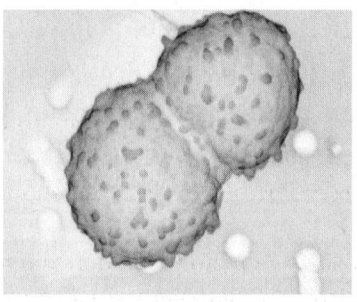

Imágenes de microscopía electrónica de *Deinococcus radiodurans* [Keith Cowing].

para estudiar su comportamiento y la probabilidad de supervivencia. Uno de los principales objetivos de estos experimentos espaciales es explorar la habitabilidad y los signos potenciales de vida más allá de la Tierra. La viabilidad de *Deinococcus radiodurans*, expuesta a radiaciones solares y cósmicas, ha sido confirmada por el Módulo de Experimentos Japonés (JEM) de la Estación Espacial Internacional (EEI), durante la misión espacial Tanpopo, y ha proporcionado la evidencia de que esta bacteria puede ser empleada para experimentos en el espacio cercano. El módulo japonés, llamado Kibō, es el más grande de la EEI y está acoplado al Harmony.

Es evidente que la capacidad de los hongos melanóticos, para aprovechar la radiación electromagnética en procesos fisiológicos, tiene enormes implicaciones para los flujos de energía biológica en la biosfera y para la exobiología, ya que proporciona nuevos mecanismos para la supervivencia en condiciones extraterrestres. Desde luego, la relación única entre los hongos, la melanina y la radiación podría proporcionar nuevos conocimientos sobre las formas de reducir la radiación y de generar energía en un clima más cálido, pero, mientras tanto, los hongos de Chernóbil, ausentes de los anhelos humanos, continúan creciendo y proliferando dentro de los reactores y en el suelo radiactivo que los rodea.

📖 Para leer más:

- Bland, Jesse. 2022. «Evaluating changes in growth and pigmentation of *Cladosporium cladosporioides* and *Paecilomyces variotii* in response to gamma and ultraviolet irradiation». *Scientific Reports* 12:12142.
- Burraco, Pablo. 2022. «Ionizing radiation and melanism in Chernobyl tree frogs». *Evolutionary Applications* 15 (9): 1469-1479.
- Chen, Yining. 2023. «Memory Effect on the Survival of *Deinococcus radiodurans* after Exposure in Near Space». *Microbiology Spectrum* 11(2): e03474-22.
- Cordero, Radames. 2022. «Melanin protects *Cryptococcus neoformans* from spaceflight effects». *Environmental Microbiology Reports* 14 (4): 679-685.
- Kodaira, Satoshi. 2021. «Space Radiation Dosimetry at the Exposure Facility of the International Space Station for the Tanpopo Mission». *Astrobiology* 21(12):1473-1478.
- Komatsu, Masabumi. 2021. «Effects of species and geo-information on the ^{137}Cs concentrations in edible wild mushrooms and plants collected by residents after the Fukushima nuclear accident». *Scientific Reports* 11: 22470.
- Lim, Sujeung. 2021. «Identification of the pigment and its role in UV resistance in *Paecilomyces variotii*, a Chernobyl isolate, using genetic manipulation strategies». *Fungal Genetics and Biology* 152: 103567.
- Spatola, Gabriella. 2023. «The dogs of Chernobyl: Demographic insights into populations inhabiting the nuclear exclusion zone». *Science Advances* 9: eade2537.

Portada del cómic *Ant-Man*, en una de las ediciones de 2020, escrita por Zeb Wells y con ilustraciones de Dylan Burnett [Marvel].

VENGADORES, ¡REUNÍOS!

Scott Lang, un criminal reformado, experto en electrónica y buscavidas aplicado, estaba acostumbrado a bregar con líos de poca monta, hasta que, en una jornada pocha, de las que atufan a podrido desde primera hora, fue detenido y acusado de un falso delito.

Ahí lo tienen. Un tipo sin suerte, marcado y pasante habitual de la cuerda floja. Por eso, no hubo heroísmo, ni pizca de grandeza, el día que, de pura chiripa y sin venir mucho a cuento, quedó convertido —tatatachán— en el alucinante Hombre-Hormiga. Ant-Man para repipis y pipiolos que no han saboreado un Frigurón.

De cualquier modo, que yo sepa, con ese apelativo, exento de estirpe patronímica conocida, existen pocas opciones. Entre las legales destacan dos alternativas, ser miembro de la farándula grasienta o un superhéroe de ficción. ¡Ea!, en esta ocasión ganó la segunda. Ant-Man fue creado para la factoría Marvel por David Michelinie, Bob Layton y el deslumbrante historietista y dibujante inglés John Byrne. El personaje es macanudo. Espabilado, sarcástico, a veces imprudente, noble, mete patas y con la capacidad de cambiar de tamaño a voluntad, ingresar a los innumerables universos subatómicos y mantener la fuerza normal cuando adquiere el volumen de una hormiga. Además, porta un casco cibernético que permite una comunicación telepática rudimentaria con insectos. Un todo incluido de manual.

Informo, por si el dato resulta de interés, que el chaval es guapetón, aunque, es justo decir, que solo bebe los vientos por Hope Pym, una belleza de salón, chica lista, valiente, decidida y que, día sí y noche también, se convierte en Avispa, la superheroína ficticia creada por Tom DeFalco y Ron Frenz.

Avispa tiene capacidad para cambiar de tamaño, volar y lanzar aguijonazos bioeléctricos. En fin, que Scott y Hope son pareja, y un par de superhumanos asombrosos dispuestos a librar mil batallas, ya sea en las páginas de los cómics o en las pantallas cinematográficas. Supongo que, llegados a este punto, ya habrá adivinado que estos superhéroes están inspirados en dos superorganismos, las avispas y las hormigas. Anuncio, también, que Ant-Man y Avispa son integrantes de Los Vengadores, un grupo mega superheroico, liderado por el hipertrofiado Capitán América, que trabaja en equipo, casi como una única unidad interdependiente, y que consigue metas trascendentales e inusitadas, inalcanzables si fueran abordadas de forma individual ¿Le suena?

La primera aparición de Avispa (Wasp) tuvo lugar en el cómic *Tales to Astonish* #44, publicado en junio de 1963. Creada por los legendarios artistas Jack Kirby y Don Heck, Wasp, cuyo nombre real es Janet Van Dyne, se convirtió en uno de los personajes femeninos más icónicos de la factoría Marvel. En esta edición, Janet se asocia con Hank Pym (Ant-Man), tras la trágica muerte de su padre, para convertirse en su compañera superheroica. Gracias a las partículas Pym, Janet obtiene la capacidad de encogerse a tamaño diminuto y de volar mediante alas de avispón que emergen de su espalda cuando está miniaturizada, además de poder lanzar poderosos rayos de energía bioeléctrica, conocidos como «picaduras de avispa». Desde su debut, Wasp ha jugado un papel fundamental en el universo Marvel, siendo miembro fundadora de los Vengadores y contribuyendo con su inteligencia, valentía y carisma a diversas aventuras heroicas [Marvel].

Los insectos eusociales (hormigas, abejas, avispas y termitas) a menudo son descritos como superorganismos, ya que algunos autores los consideran una única entidad. No es una idea reciente, porque hace más de un siglo, el entomólogo estadounidense William Morton Wheeler describió por primera vez a las colonias de insectos sociales como «superorganismos», debido al grado en que los miembros de la sociedad parecen operar como una unidad.

Tenga en cuenta que las principales transiciones evolutivas abarcan todos los niveles de la organización biológica, facilitando la evolución de la complejidad de la vida en la Tierra, a través de la cooperación entre entidades individuales y generando beneficios de aptitud física más allá de los que pueden obtenerse por un número comparable de individuos aislados. Por ejemplo, genes en un genoma, células en un cuerpo multicelular o insectos en una colonia.

Entre los modelos mejor estudiados de sociabilidad están los insectos himenópteros, que engloban a decenas de miles de especies. Estos animales exhiben diferentes formas de sociabilidad, desde la transición de la sociabilidad simple, con sociedades pequeñas, donde todos los miembros del grupo pueden reproducirse y cambiar roles en respuesta a la oportunidad, hasta sociedades complejas, compuestas por miles de individuos, cada uno comprometido durante el desarrollo con un rol cooperativo específico, y trabajando por un resultado reproductivo compartido dentro del nivel superior de la colonia.

De hecho, por ejemplo, una colonia de abejas melíferas funciona como un conjunto integrado, y sus miembros no pueden sobrevivir por sí mismos, aunque los insectos individuales son físicamente independientes. La labor que desarrollan las abejas, trabajando en sociedad, es brutal, y si no es consciente de ello, basta con realizar una simple pregunta: ¿Sería posible un mundo sin abejas? La respuesta es un rotundo no. La polinización que llevan a cabo mariposas, polillas, moscas, mosquitos y, por supuesto, las abejas, es una función esencial de supervivencia ecológica. Sin polinizadores, la raza humana y todos los ecosistemas terrestres de la Tierra no sobrevivirían.

Pues sí, oído al parche, porque en ausencia de polinizadores, insectos u otros animales, las poblaciones vegetales existentes disminuirían y, por tanto, la calidad del aire descendería, los suelos sufrirían mayor erosión y el ciclo del agua estaría alterado, debido a que no habría plantas que devolvieran el agua a la atmósfera. Además, escasearían los alimentos, dado que de las 1400 plantas de cultivo que existen, es decir, aquellas que producen todos nuestros alimentos y productos industriales a base de plantas, casi el 80 % requiere polinización animal.

Anatomía de la pata portadora de polen.

Entre los polinizadores, las abejas ocupan un lugar especial. Existen unas 20 000 especies de abejas reconocidas, de las cuales unas cincuenta especies son manejadas por personas y alrededor de doce son utilizadas para la polinización de cultivos.

De todas ellas, destaca la abeja melífera occidental (*Apis mellifera* L.). La capacidad de las abejas melíferas para transportar grandes cantidades de granos de polen en sus cuerpos peludos, la dependencia de los recursos florales y la naturaleza eusocial del bichillo son características que hacen que este insecto sea un polinizador versátil y efectivo en hábitats naturales, además del más frecuente y ubicuo para multitud de cultivos básicos en todo el mundo.

Apis mellifera [Daniel Prudek].

Las cifras hablan por sí solas. Solo en los EE. UU., la polinización genera 16 000 millones de dólares anuales, de los cuales 12 000 millones son atribuibles únicamente a la actividad de las abejas melíferas. El valor económico mundial de la polinización de cultivos por parte de las abejas y otros polinizadores alcanza una media superior a los 200 000 millones de euros, lo que equivale a más del 10 % de la producción agrícola mundial de alimentos para humanos. Las estimaciones sugieren que el rendimiento de los cultivos disminuiría en más del 90 % sin la polinización de las abejas.

Por desgracia, existen claras evidencias de que la población de abejas melíferas está en decadencia, sobre todo en Asia, Europa y en los EE. UU. La pérdida catastrófica de colonias puede influir seriamente en la diversidad de plantas silvestres, la producción de cultivos, el suministro mundial de alimentos y su variedad, la estabilidad del ecosistema terrestre y, en última instancia, el bienestar humano.

Sin ir más lejos, a nivel mundial, entre el 3 % y el 5 % de la producción de frutas, verduras y nueces ya se está perdiendo debido a una polinización inadecuada, lo que lleva a un exceso de muertes humanas anuales, estimadas en 427 000. Principalmente por la reducción de los alimentos saludables disponibles, y por la aparición de enfermedades asociadas a deficiencias nutricionales.

En general, las colonias de abejas melíferas están compuestas por unas 35 000 obreras estériles, cientos de machos (zánganos) y una sola reina reproductora que pone aproximadamente 1000 huevos por día.

La salud de los miembros de estas colonias es afectada por muchos factores como el clima, la nutrición, las prácticas de manejo, la genética de los individuos, la exposición a agroquímicos y la infección con patógenos. Ácaros, virus, hongos y bacterias atacan a las abejas y provocan que enfermen y mueran.

Los patógenos que afectan a las abejas melíferas son múltiples y diversos. Algunos virus que infectan a las abejas melíferas incluyen el virus de la parálisis aguda de la abeja (ABPV), el virus de la celda negra de la reina (BQCV), el virus del ala deformada (DWV), el virus de la parálisis aguda israelí (IAPV), el virus de la abeja de Cachemira (KBV), el virus de la cría ensacada (SBV), el virus de la parálisis crónica de las abejas (CBPV) y los virus del lago Sinaí. Además de los virus, los patógenos de las abejas melíferas incluyen eucariotas, como el tripanosomátido *Lotmaria passim* (anteriormente *Crithidia mellificae*) y el patógeno microsporidial *Nosema ceranae*; o bacterias patógenas, como *Paenibacillus larvae* y *Melissococcus plutonius*, agentes causantes de las enfermedades de la loque americana y europea, respectivamente. La panda de abusones crece con la presencia del ácaro ectoparásito *Varroa destructor*, que contribuye a la disminución de la salud de la colonia, al alimentarse de las abejas en desarrollo y facilitar la transmisión de diversos virus. La parasitación por ácaros de las abejas melíferas en desarrollo puede provocar deformidades físicas, peso corporal reducido, mayores niveles de virus y, desde luego, la muerte.

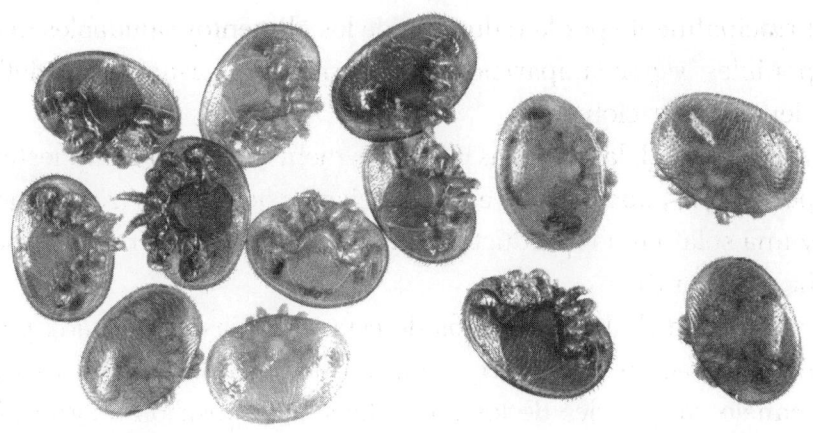

Varroa [Kuttelvaserova Stuchelova].

Un apicultor examina cuidadosamente un cuadro, observando de cerca la actividad de las abejas y el estado de los panales. Esta tarea es esencial para evaluar la salud de la colmena, verificar la presencia de la abeja reina, revisar la producción de miel, y asegurarse de que no haya signos de enfermedades o plagas. La inspección meticulosa de cada cuadro permite al apicultor tomar decisiones sobre el manejo de la colmena, promoviendo el bienestar de las abejas,

que son fundamentales no solo para la producción de miel, sino también para la polinización y la biodiversidad de los ecosistemas. Una curiosidad sobre el manejo de colmenas es el uso de humo para calmar a las abejas; se dice que cuando las abejas detectan el humo, instintivamente se preparan para un posible incendio llenándose de miel para abandonar la colmena si es necesario, lo que las distrae y reduce su agresividad durante la inspección [Irisha].

De todas las posibles amenazas biológicas, quizás, una de las enfermedades más perjudiciales y temidas a nivel global es la loque americana, que es causada por la bacteria formadora de esporas *Paenibacillus larvae*. El microorganismo origina una enfermedad de cuarentena en las larvas y pupas de la abeja melífera, que está incluida en el Código Sanitario para los Animales Terrestres de la Oficina Internacional de Epizootias (OIE) de la Organización Mundial de Sanidad Animal.

Los antibióticos son, en gran medida, ineficaces para tratar la loque americana, porque solo funcionan en el estado vegetativo de la bacteria. Una vez que una colmena muestra la manifestación clínica de la enfermedad, la única forma efectiva de erradicarla y prevenir la propagación de la patología es quemando la colmena, el equipo y la colonia.

Las esporas de las bacterias pueden permanecer viables varias décadas en el medioambiente, manteniéndose virulentas durante todo el tiempo y, por lo tanto, representando una amenaza continua para las colonias de abejas melíferas. La bacteria está altamente adaptada e infecta a *Apis mellifera* durante el desarrollo temprano, pudiendo matar a las crías a través de la secreción de metabolitos secundarios y enzimas degradantes de quitina, que permiten el destrozo de la matriz peritrófica, la ruptura del epitelio del intestino medio, la invasión del hemocele y la descomposición de la larva en una masa viscosa. Las larvas de las abejas melíferas son susceptibles a la infección durante las primeras 24 a 72 horas después de la eclosión. Sin querer, las abejas obreras recogen las esporas bacterianas de las crías enfermas, transportándolas y propagándolas por toda la colmena. Para más inri, las abejas recolectoras también transportan las esporas fuera de las colmenas y pueden propagarse entre colmenares cuando los insectos roban la miel de las colmenas debilitadas y enfermas.

Por fortuna, a principios del año 2023, el Departamento de Agricultura de EE. UU. (USDA) otorgó una licencia condicional a la primera vacuna de su clase contra la loque americana. La vacuna ha sido desarrollada por la empresa biotecnológica Dalan Animal Health y contiene células enteras muertas de la bacteria *Paenibacillus larvae*, que son administradas mezclándolas con el alimento para reinas. La vacuna actúa en los ovarios de la reina, que transmite la inmunidad a las larvas antes de que los huevos eclosionen. Es decir, puede existir una preparación inmune transgeneracional. De momento, la vacunación de las colonias de abejas ha demostrado ser una forma segura de evitar que las larvas sucumban a la enfermedad, ya que reduce entre un 30 % y un 50 % el desarrollo de la loque americana.

La noticia es magnífica, ya que la vacunación de insectos podría ser utilizada para mejorar en gran medida la salud de la colonia, proteger a los polinizadores comerciales de enfermedades mortales, reducir las grandes pérdidas financieras y materiales que sufren los apicultores, minimizar el descenso poblacional de las abejas y asegurar un equilibrio ambiental que facilite la viabilidad del planeta. No olvidemos que sin polinizadores no hay futuro.

Desde luego, la evolución de la eusocialidad representa la última gran transición evolutiva, y ha dado forma a rasgos conductuales, demográficos y ecológicos coevolucionados, a través de una interacción entre la sociedad, el individuo y el medioambiente. Paradójicamente, la subsistencia en las colonias eusociales parece violar una de las piedras angulares de la teoría de la historia de la vida, que no es otra que el equilibrio entre la supervivencia individual y la fecundidad, ya que las reinas de las especies eusociales suelen ser muy fecundas y longevas, y algunas monarcas de hormigas y termitas viven varias décadas. Por el contrario, las obreras de las colonias de insectos sociales a menudo son estériles y tienen vidas bregadas y mucho más cortas que las gozadas por las soberanas.

El concepto de superorganismo cristaliza a la perfección en las colonias de hormigas, que mantienen división permanente del trabajo entre castas, y roles muy distintos de los sexos. Sin embargo, los mecanismos celulares y moleculares que median la especialización conductual específica continúan siendo inciertos. En este sentido, las hormigas socialmente avanzadas parecen tener un número de células cerebrales comparable al de las moscas de la fruta solitarias, y sus cerebros son más pequeños que los de muchas abejas y avispas solitarias o débilmente sociales, lo que indica que la complejidad social no está, obviamente, correlacionada con cerebros más grandes. En cambio, la remodelación de los circuitos neuronales y las innovaciones celulares funcionales son, con mucha probabilidad, predictores más importantes de la complejidad social, en particular, en los sistemas sociales donde el desarrollo del cerebro es específico de la casta y está programado para el desarrollo.

Las hormigas aladas son generalmente los machos y las hembras fértiles de la colonia. Responsables de la reproducción y de la creación de nuevos hormigueros. Aparecen durante los vuelos nupciales cuando las condiciones ambientales son óptimas. Después de aparearse, los machos mueren poco después, mientras que las hembras pierden sus alas y buscan un lugar adecuado para establecer nuevas colonias, convirtiéndose reinas. Las hormigas obreras son ápteras y estériles [Phichak].

William Morton Wheeler fue el primero en identificar que la especialización altamente divergente y complementaria de los fenotipos de casta se asemeja a la diferenciación ontogenética de los linajes celulares en los metazoos. Esto propició que acuñara el término de superorganismo para las colonias de hormigas, resaltando la diferencia fundamental con las sociedades animales, donde la mayoría de los individuos permanecen totipotentes desde el punto de vista conductual y reproductivo. Por lo tanto, parece razonable proponer que, la respuesta superorgánica a la vida social de mayor complejidad organizativa ha sido la especialización del cerebro en lugar de la ampliación de este órgano.

En el año 2013, un artículo publicado en la revista *Nature*, describió un «cromosoma social», que determina la organización social en la hormiga de fuego *Solenopsis invicta*. Después, varios autores han sugerido que los supergenes, grupos de loci coheredados, pueden estar involucrados en una variedad de fenóme-

nos genéticos y evolutivos intrigantes en las sociedades de insectos, y que pueden desempeñar un papel amplio en la evolución de la cooperación y el conflicto. En este momento, disfrutamos de una explosión apabullante relacionada con la secuenciación de genomas de insectos. Tener un genoma secuenciado para una especie abre una gran cantidad de oportunidades de investigación, con beneficios para biólogos evolutivos, ecólogos y científicos de la conservación, ya que los recursos genómicos brindan pistas para comprender cómo y por qué las distribuciones de especies son afectadas por acciones antropogénicas y para desarrollar formas efectivas de rastrear y administrar poblaciones. Esto es crucial en especies vitales, desde el punto de vista ecológico y económico, que brindan servicios ecosistémicos críticos de los que depende la salud del planeta, como por ejemplo el control de plagas de cultivos, la biodiversidad y la polinización agrícola, pero también es significativo para el manejo de especies que se vuelven problemáticas fuera de sus áreas de distribución nativas, como son las especies invasoras.

Resulta obvio que analizar los genomas de los insectos sociales mejora nuestra comprensión de la evolución de la organización social, de la ecología y del comportamiento, mediante, por ejemplo, la identificación de loci implicados en la comunicación, como son las familias de genes relacionadas con los receptores de olores de hormigas y abejas. Además, los datos genómicos pueden proporcionar información sobre las tendencias de la biodiversidad asociadas con el cambio climático y con las especies invasoras.

El estudio de las sociedades de insectos es hoy una de las principales ramas de la biología evolutiva. Los análisis recientes de los mecanismos moleculares de la sociabilidad de los insectos han revelado cómo los conjuntos conservados de genes, redes y funciones son compartidos entre eventos evolutivos independientes de superorganismos de insectos. Las últimas investigaciones han desvelado mucho sobre los principios generales del origen y la evolución del comportamiento social avanzado, y ha arrojado luz sobre el enorme éxito ecológico de los insectos sociales. Por mencionar un dato relevante, las hormigas y las termitas constituyen más de la mitad de la biomasa de insectos en todo el mundo. De hecho, las termitas juegan un papel importante en el mantenimiento de los ecosistemas, con efectos sobre las propiedades físicas, químicas y biológicas de los suelos, la comunidad microbiana y el crecimiento de las plantas.

Sin embargo, también son consideradas plagas graves, y varias especies de los géneros *Coptotermes*, *Reticulitermes* y *Heterotermes* causan daños económicos considerables. Por ejemplo, en el año 2010, el costo económico mundial anual del daño y control de las termitas alcanzó los 40 000 millones de euros. Los insectos sociales (termitas, hormigas, algunas abejas y avispas) infieren grandes impactos ecológicos y económicos en los ecosistemas naturales y cultivados, entre otras cosas porque representan el 75 % de la biomasa de insectos. De hecho, la biomasa de hormigas, por sí sola, equivale al 20 % de la biomasa humana.

Sin duda, en los insectos, la evolución de organismo a superorganismo ha sido un logro formidable y una de las mayores transiciones entre los niveles de organización biológica.

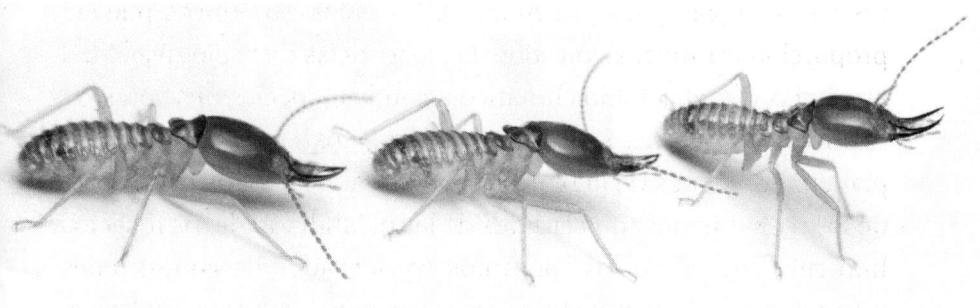

Termitas [Bejita].

📖 Para leer más:

- Boomsma, Jacobus. 2018. «Superorganismality and caste differentiation as points of no return: how the major evolutionary transitions were lost in translation». *Biological Reviews* 93: 28-54.
- Kramer, Boris. 2022. «Eusociality and the Evolution of Aging in Superorganisms». *The American Naturalist* (1): 63-80.
- Li, Qiye. 2022. «A single-cell transcriptomic atlas tracking the neural basis of division of labour in an ant superorganism». *Nature Ecology & Evolution* 6: 1191-1204.
- Linksvayer, Timothy. 2013. «Social supergenes of superorganisms: Do supergenes play important roles in social evolution?». *Bioessays* 35: 683-689.
- Shell, Wyatt. 2021. «Sociality sculpts similar patterns of molecular evolution in two independently evolved lineages of eusocial bees». *Communications Biology* 4: 253.
- Straub, Lars. 2015. «Superorganism resilience: eusociality and .susceptibility of ecosystem service providing insects to stressors». *Current Opinion in Insect Science* 12: 109-112.
- Sumner, Seirian. 2023. «Molecular patterns and processes in evolving sociality: lessons from insects». *Philosophical Transactions of the Royal Society B* 378: 20220076.
- Wyatt, Christopher. 2023. «Social complexity, life-history and lineage influence the molecular basis of castes in vespid wasps». *Nature Communications* 14: 1046.

DIENTES

Entre la muerte del rey que rabió y el advenimiento al trono de la reina Mari-Castaña existe un largo y obscuro período en las crónicas, de que quedan pocas memorias. Consta, sin embargo, que floreció en aquella época un rey Buby I, grande amigo de los niños pobres y protector decidido de los ratones. Fundó una fábrica de muñecos y caballos de cartón para los primeros, y sábese de cierto, que de esta fábrica procedían los tres caballitos cuatralbos, que regaló el rey D. Bermudo el Diácono a los niños de Hissén I, después de la batalla de Bureva.

Consta también que el rey Buby prohibió severamente el uso de ratoneras y dictó muy discretas leyes para encerrar en los límites de la defensa propia los instintos cazadores de los gatos: lo cual resulta probado, por los graves disturbios que hubo entre la reina doña Goto o Gotona, viuda de D. Sancho Ordóñez, rey de Galicia, y la Merindad de Ribas de Sil, a causa de haberse querido aplicar en ésta las leyes del rey Buby al gato del Monasterio de Pombeyro, donde aquella Reina vivía retirada.

El caso fue grave y sus memorias muy duraderas, por más que unos autores digan que el gato en cuestión se llamaba Russaf Mateo, y otros le llamen simplemente Minini. De todos modos, el hecho resulta probado, aunque nada diga sobre ello Vaseo, ni tampoco lo mencione el Cronicón Iriense, y el bueno de D. Lucas

Portada de la edición de 1911. Luis Coloma escribió el cuento *Ratón Pérez* a finales del siglo XIX por encargo de la reina María Cristina de Habsburgo, quien pidió a Coloma que lo escribiera para su hijo, el rey Alfonso XIII, cuando este era niño y había perdido un diente deciduo. En la historia, el Ratón Pérez vive con su familia en una caja de galletas de una confitería y tiene la costumbre de visitar las casas de los niños para recoger sus dientes de leche. Aunque Coloma también fue autor de otras obras literarias y biográficas, el cuento del Ratón Pérez es, sin duda, su creación más perdurable y querida [Biblioteca Central Militar].

de Tuy haga como que se olvida del caso, quizá, quizá, por razones de conveniencia.

Consta también que el rey Buby comenzó a reinar a los seis años bajo la tutela de su madre, señora muy prudente y cristiana, que guiaba sus pasos y velaba a su lado, como hace con todos los niños buenos el ángel de su guarda.

Era entonces el rey Buby un verdadero encanto, y cuando en los días de gala le ponían su corona de oro y su real manto bordado, no era el oro de su corona más brillante que el de sus cabellos, ni más suaves los armiños de su manto que la piel de sus mejillas y sus manos. Parecía un muñequito de Sèvres, que, en vez de colocarlo sobre la chimenea, lo hubiera puesto sentadito en el trono.

Pues sucedió, que comiendo un día el Rey unas sopitas, se le comenzó a menear un diente. Alarmóse la corte entera, y llegaron, uno en pos de otro, los médicos de Cámara. El caso era grave, pues todo indicaba que había llegado para S. M. la hora de mudar los dientes.

Así comienza el cuento titulado *Ratón Pérez*, escrito hacia 1894 por el jesuita Luis Coloma. El cuento, protagonizado por un ratón, fue encargado por la reina regente María Cristina de Habsburgo-Lorena, como regalo para el futuro rey Alfonso XIII, con motivo de la caída del primer diente del infante. Según el padre Coloma, el Ratón Pérez era un ratón muy pequeño, con sombrero de paja, lentes de oro, zapatos de lienzo crudo y una cartera roja terciada a la espalda. El ratoncito, que cambiaba dientes primerizos por monedas de oro u otros magníficos obsequios, vivía en Madrid, en una gran caja de galletas de Huntley ubicada en los sótanos de la confitería Carlos Prats, en la calle del Arenal número ocho. En la historia, el Ratón Pérez acompaña al rey Buby I, que era un nombre inspirado en el apodo íntimo de

María Cristina de Habsburgo-Lorena con Alfonso XIII, 1887. El retrato de Manuel Yus de la reina regente María Cristina y su hijo, el joven rey Alfonso XIII, fue realizado poco después de que la reina asumiera la regencia, reflejando la necesidad de la institución monárquica de contar con retratos oficiales. La obra muestra a María Cristina vestida de negro por luto, sosteniendo al rey niño vestido de blanco, quien porta una rama de olivo simbolizando paz y prosperidad, aludiendo al fin de las guerras carlistas. El cuadro también presenta elementos simbólicos como el cetro, la corona y los leones de Velázquez, en un espacio decorado con un gran espejo que aporta profundidad. Este retrato recuerda a los de Mariana de Austria y Carlos II de Carreño, con detalles que conectan con la tradición del retrato cortesano español, como el uso de espejos y la mesa de piedras duras, mostrando así una continuidad artística e histórica [Colección Banco de España].

Alfonso XIII, en un maravilloso periplo por el reino, para que aprenda valores como la valentía, el cuidado de los súbditos y la generosidad. Antes de la publicación de Coloma, el Ratoncito Pérez ya debía de ser un personaje popular, porque Benito Pérez Galdós cita al roedor en la novela *La de Bringas*, que fue publicada en 1884. Sin embargo, el cuento de Coloma magnificó y popularizó aún más la figura del Ratoncito Pérez, que, junto con *Petite Souris* en Francia, *Topolino* en Italia, el *Hada de los dientes* en los países anglosajones y en Europa del Norte, y otros seres fantásticos en diversos lugares del planeta, son los encargados de recoger los dientes de leche caídos, dejando a cambio espléndidos regalos.

Los seres humanos somos difiodontes y desarrollamos dos juegos de dientes. El primer conjunto corresponde a los veinte dientes deciduos, que también son denominados «dientes temporales» o «de leche». El segundo conjunto consta de treinta y dos dientes permanentes, divididos en incisivos, caninos, premolares y molares. La capa más externa de los dientes humanos, con un espesor de varios milímetros, es el esmalte dental, que consiste en un material muy duro compuesto por un 96 % de hidroxiapatita (HAP) y un 4 % de agua y proteínas, principalmente amelogenina y esmalina. La desmineralización del esmalte puede conducir a la aparición de la caries dental, que es la enfermedad oral más común en todo el mundo. Las cifras estimadas apuntan a que la caries no tratada afecta a 2500 millones de adultos y a 573 millones de niños en todo el mundo. Varias especies bacterianas han sido asociadas a la aparición de la caries dental. Las más típicas son *Streptococcus mutans*, *Streptococcus salivarius*, *Streptococcus sobrinus*, *Streptococcus parasanguinis*, *Scardovia wiggsiae*, *Slackia exigua*, *Lactobacillus salivarius*, *Parascardovia denticolens* y diversas especies de *Porphyromonas*, *Actinomyces* y *Veillonella*.

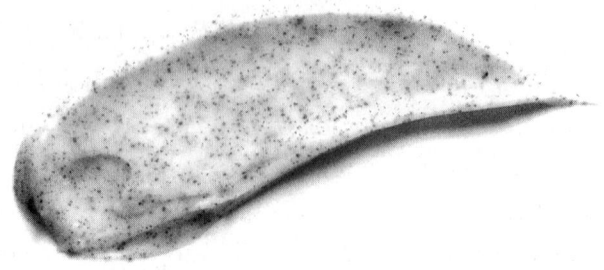

Muestra de dentífrico con hidroxiapatita cálcica [M. Clare].

El principal biomineral en los dientes de los mamíferos es la hidroxiapatita, pero son comunes las variaciones interespecíficas en la composición y en las características finales. Por ejemplo, la dureza del esmalte molar de oveja es inferior al esmalte humano, pero el esmalte de oveja es aproximadamente un 30 % más resistente al desgaste. En otros tipos de animales las disparidades son mayores. A diferencia del esmalte humano, el esmalte de los dientes de tiburón consiste principalmente en fluorapatita (FAP) con una pequeña cantidad de colágeno. El contenido del 5 % al 6 % de iones de fluoruro en la red cristalina garantiza un mejor efecto de protección contra el ácido, pero la dureza entre los dientes de tiburón y de los humanos es comparable. Los tiburones producen y desechan miles de dientes a lo largo de la vida. Los dientes nuevos pueden aparecer en tan solo un día y un tiburón tigre puede producir 24 000 dientes durante una década. En muchas otras especies de peces, como el pez loro, también prevalece la fluorapatita como componente principal del diente. Sin embargo, algunos otros animales marinos han optado por materiales diferentes. Por ejemplo, los dientes del erizo de mar morado de California (*Strongylocentrotus purpuratus*) están hechos de placas de calcita, y los del quitón gigante del Pacífico (*Cryptochiton stelleri*) de magnetita.

La adaptación dental del quitón gigante del Pacífico es impresionante. En la década de 1960, el paleoecólogo Heinz Adolf Lowenstam descubrió que los dientes de *Cryptochiton stelleri*, y de otros quitones, están reforzados con magnetita, un mineral de hierro constituido por óxido ferroso-diférrico. La magnetita está presente en diferentes animales y ha sido vinculada con la capacidad de magnetorrecepción. La hipótesis de la magnetorrecepción basada en la magnetita sugiere que, en ciertos organismos, como por ejemplo abejas, palomas mensajeras y otras aves; algunas tortugas y peces, y determinados hongos y bacterias; los cristales biogénicos de magnetita permiten la orientación y la navegación, porque sirven como sensores del campo magnético terrestre.

Un joven explorador sostiene cuidadosamente un ejemplar de *Cryptochiton stelleri* en una playa rocosa de California [Irina K.].

No obstante, en los quitones la magnetita tiene otro cometido. Los poliplacóforos, también llamados quitones, son moluscos antiguos, que datan del Cámbrico. Están representados, hasta el momento, por más de novecientas especies actuales descritas. Presentan el cuerpo ovalado-alargado y dorso ventralmente comprimido. El rango de tallas es variable. Una de las especies más pequeñas conocidas es *Leptochiton kerguelensis*, cuyos adultos alcanzan los cinco milímetros de longitud máxima. En el otro extremo está el quitón gigante del Pacífico (*Cryptochiton stelleri*) que llega a medir más de treinta centímetros. Habitan en diversos ambientes marinos, desde las zonas costeras intermareales a las aguas profundas. También han sido consignados representantes en ambientes extremos restringidos, como fuentes hidrotermales y afloramientos de metano o viviendo sobre madera sumergida o huesos de ballenas. La mayoría son herbívoros, pero han sido registradas especies carnívoras que consumen esponjas, hidrozoos, corales y larvas de crustáceos y de poliquetos. El alimento de gran parte de las especies del género *Leptochiton* son pequeños organismos como diatomeas, radiolarios o foraminíferos.

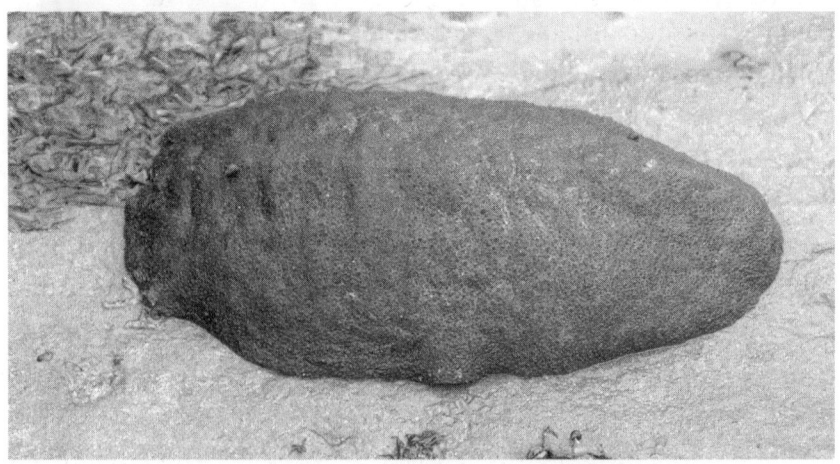

Cryptochiton stelleri en una playa de Newport, Oregón [Steve Estvanik].

Por otra parte, los quitones son un importante eslabón en las cadenas tróficas, por ser consumidores primarios y el alimento de numerosas especies de peces. Además, el quitón *Cryptochiton stelleri*, que alcanza a pesar ochocientos gramos, es una fuente de alimento común y tradicional de las poblaciones humanas nativas de las costas de Alaska.

Los quitones vegetarianos, como *Cryptochiton stelleri*, comen algas que ramonean raspando las rocas. Para ello, utilizan cientos de dientes mineralizados que poseen alojados en una estructura especial, con forma de cinta transportadora, que es conocida como rádula. La rádula está provista de 25 a 150 hileras transversales de dientes. Cada hilera está constituida por diecisiete dientes. Los dientes constan de una parte basal en el extremo proximal y de una cúspide en el extremo distal. La pérdida de filas enteras de dientes, debido al desgaste, es compensada con la síntesis de dientes nuevos en el extremo posterior. Los dientes recién formados maduran en varias etapas, a medida que son transportados hacia el extremo anterior por la membrana de la rádula. La cabeza del diente del quitón gigante del Pacífico está formada por una cúspide de magnetita altamente mineralizada que presenta excepcional dureza, resistencia al desgaste y propiedades de auto afilado. Comparados con el esmalte de los dientes humanos o con el nácar de las conchas, los dientes del quitón son tres veces más duros.

Por si esto no fuera suficiente, en el año 2021, la revista *The Proceedings of the National Academy of Sciences* (PNAS) publicó un artículo que desvelaba otro secreto de *Cryptochiton stelleri*. La publicación informó que la base de los dientes del quitón gigante del Pacífico, que funciona de forma análoga a la raíz de los humanos, está reforzada con santabarbaraíta, un mineral de hidroxifosfato férrico amorfo descubierto en la Toscana italiana en el año 2000. La santabarbaraíta nanodispersa, presente en el diente del quitón, amplía el rango de dureza y de rigidez. De hecho, el uso

Santabarbaraíta sobre óxidos de nitrógeno de la península de Kerch [Mineralogist].

de fosfatos férricos con bajo contenido de hierro y alto contenido de agua puede presentar una estratagema para crear compuestos fuertes con baja densidad, y puede ser clave para aumentar la resistencia específica de los dientes del quitón. Algunos estudios recientes, relacionados con la caracterización ultraestructural y mecánica de los dientes, completamente mineralizados, de *Cryptochiton stelleri*, mostraron que tienen la máxima dureza y rigidez, comparada con cualquier biomineral conocido.

En la mayoría de los moluscos, la rádula tiene filas de dientes construidos con quitina y, en muchas especies, endurecidos con minerales como el carbonato de calcio o la sílice. En cambio, los quitones endurecen los núcleos de sus dientes con fosfato de calcio, como la apatita, y luego refuerzan los bordes cortantes con magnetita. Para crear dientes nuevos, los quitones secuestran continuamente hierro de la dieta y circulan altas concentraciones de este elemento por la hemolinfa. La biomineralización continua del hierro presenta un desafío fisiológico para los quitones, porque el hierro libre provoca estrés oxidativo.

En definitiva, los prodigiosos dientes del quitón gigante del Pacífico convierten al animal en un superorganismo, que puede servir como un excelente sistema modelo para estudiar los mecanismos biológicos y los principios de diseño de nuevos componentes dentales, proyectados a partir de biomateriales, pero también como un estimable arquetipo para delinear y anticipar nuevos y valiosos enfoques en el campo de la robótica blanda.

📖 **Para leer más:**

- Brütt, Jan-Ole. 2022. «The ontogeny of elements: distinct ontogenetic patterns in the radular tooth mineralization of gastropods». *The Science of Nature* 109: 58.
- Fleming, Charlotte. 2023. «Systematic and Bibliometric Analysis of Magnetite Nanoparticles and Their Applications in (Biomedical) Research». *Global Challenges* 7 (1): 2200009.
- Krings, Wencke. 2022. «Ontogeny of the elemental composition and the biomechanics of radular teeth in the chiton *Lepidochitona cinerea*». *Frontiers in Zoology* 19 (1): 19.
- Nemoto, Michiko. 2019. «Integrated transcriptomic and proteomic analyses of a molecular mechanism of radular teeth biomineralization in *Cryptochiton stelleri*». *Scientific Reports* 9: 856.
- Pohl, Anna. 2020. «Radular stylus of *Cryptochiton stelleri*: A multifunctional lightweight and flexible fiber-reinforced composite». *Journal of the Mechanical Behavior of Biomedical Materials* 11: 103991.
- Stegbauer, Linus. 2021. «Persistent polyamorphism in the chiton tooth: From a new biomineral to inks for additive manufacturing». *The Proceedings of the National Academy of Sciences* (PNAS) 118 (23): e2020160118.
- Sun, Dawei. 2023. «Multiscale analysis of the unusually complex muscle fibers for the chiton radulae». *Frontiers in Marine Science* 10: 1107714.

A LA CONQUISTA DEL ESPACIO

La vibrante película *Interstellar*, protagonizada por Matthew McConaughey y Anne Hathaway, y estrenada en el año 2014, alerta y muestra los grandes retos que la humanidad debe resolver antes de poder conquistar el espacio interestelar. En la actualidad, los viajes interesterales todavía son una quimera, maravillosa e ilusionante, pero lejana. El espacio exterior sigue siendo un entorno muy hostil para el ser humano, sin oxígeno, calor o repartidores de Amazon.

Los primeros experimentos que pretendían dilucidar la capacidad de supervivencia de los vuelos espaciales utilizaron animales. Hasta la fecha, varios programas espaciales nacionales han llevado a multitud de bichejos al espacio. El primero, financiado por los EE. UU., envió fuera de los límites terrestres, sin consentimiento previo ni informado, moscas de la fruta (*Drosophila melanogaster*). Las moscas, bienaventuradas ellas, iban a bordo de un cohete V-2 lanzado el 20 de febrero de 1947, desde White Sands Missile Range, en Nuevo México. Alcanzaron una altitud de 109 kilómetros en 190 segundos, con una aceleración bestial que dejaría en vergüenza al Red Bull de Verstappen. Luego descendieron en paracaídas a la Tierra, donde fueron recuperadas vivas —y seguramente taquicárdicas y ojipláticas—, para ser examinadas por biólogos.

Varias misiones de vuelos espaciales han volado con moscas de la fruta de tripulantes. De hecho, en 1961, ampollas que contenían moscas acompañaron a Yuri Gagarin, el primer cosmonauta en viajar al espacio exterior, en su vuelo orbital a bordo de la nave Vostok 1.

Vamos, que una vez roto el hielo en 1947, no había razón que impidiera alistar, para la causa, a muchos otros héroes forzosos. Y así, fueron llegando decenas de candidatos, listos para aparecer en los periódicos de tirada nacional, o bien en portada, o bien en la sección de obituarios. La sucesión es colorida, y está compuesta por, entre otros animales, monos y simios, perros, gatos, ratones, ratas, conejos, tortugas, peces, ranas, arañas, multitud de insectos e incluso tardígrados.

Los tardígrados u osos de agua tienen un aspecto que recuerda vagamente a los típicos ositos de gominola, aunque en realidad son unos raros animales con los que se espera desentrañar aspectos relevantes de la medicina humana y, en particular, del campo de la investigación del cáncer y del envejecimiento.

Los populares ositos de golosina [Eunjin Han].

Estos animales son unos pequeñísimos invertebrados microscópicos de menos de un milímetro de longitud, prácticamente invisibles a simple vista para el ojo humano. Fueron descubiertos en 1773 por el zoólogo alemán Johann August Ephraim Goeze que los nombró «kleine wasser-bären», un término que significa «ositos de agua».

Habitan en entornos muy diversos por todo el planeta, desde los océanos más profundos hasta las cimas de las montañas, pero podemos encontrarlos preferentemente en los musgos, los helechos y los líquenes. Hasta ahora, han sido descritas unas 1300 especies de tardígrados. En condiciones normales, los adultos viven de dos a varios meses.

El 14 de octubre del año 2020, la revista *Biology Letters*, perteneciente a The Royal Society, publicó una investigación que informaba sobre el descubrimiento de una nueva especie de tardígrado, dotado de un escudo protector fluorescente que le permite absorber la radiación ultravioleta dañina y emitir una luz azul inofensiva. Precioso.

Ilustración digital de un tardígrado [Dotted Yeti].

Johann August Ephraim Goeze (1731-1793) fue un destacado zoólogo y clérigo alemán, conocido principalmente por su trabajo en la descripción de organismos microscópicos. Fue uno de los primeros en estudiar y clasificar a los tardígrados, a los que describió en 1773 como «pequeños osos de agua» debido a su apariencia y movimientos característicos, un nombre que aún se utiliza hoy en día. Goeze mostró gran interés en los organismos que se encontraban en ambientes acuáticos y en las técnicas de observación a través del microscopio. Su obra más conocida, *Entomologische Beyträge*, incluye descripciones detalladas de varios tipos de pequeños invertebrados, como ácaros y nematodos, contribuyendo de manera significativa al conocimiento de la fauna microscópica. Su enfoque meticuloso y su pasión por la naturaleza microscópica lo posicionaron como una figura relevante en la historia de la zoología, abriendo el camino para estudios posteriores sobre la biodiversidad microscópica.

Es el último ejemplo de la extraordinaria resistencia de estas criaturas microscópicas, porque ya es conocido que los tardígrados son capaces de sobrevivir al calor y a la radiación extremas, e incluso al vacío del espacio exterior. El 11 de abril de 2019, la nave espacial israelí Beresheet se estrelló contra la Luna, durante un intento fallido de aterrizaje. La carga útil incluía unos pocos de miles de tardígrados. Los informes iniciales sugirieron que los tardígrados podrían haber sobrevivido al trompazo, por lo que serían la segunda especie animal en alcanzar la Luna, después de los humanos.

En verdad, los tardígrados, que pueden ser carnívoros, herbívoros, bacterióvoros u omnívoros, son unos animales peculiares y especiales, entre otras cosas porque han conseguido desarrollar una habilidad sorprendente que consiste en entrar en estado criptobiótico, una capacidad que les protege, por ejemplo, contra los efectos de la deshidratación. En la actualidad han sido descritos cuatro tipos de criptobiosis, que son definidas cómo anhidrobiosis, anoxibiosis, criobiosis y osmobiosis.

En el estado anhidrobiótico, los tardígrados pierden hasta el 95 % del agua; reducen o suspenden su metabolismo; contraen el eje anterior-posterior del cuerpo; retraen las piernas; y reorganizan los órganos internos configurando una forma especial denominada «tun». La supervivencia en este estado está correlacionada con la síntesis de diferentes tipos de protectores celulares. En esta fase, los tardígrados son muy resistentes a las condiciones ambientales extremas, pero si las circunstancias cambian, regresan a la normalidad y el agua líquida vuelve a estar disponible, los animales retornan a la actividad completa en unos pocos minutos. La vida útil de los tardígrados anhidrobióticos puede ser extendida de forma desmesurada, ya que durante la anhidrobiosis no envejecen, lo que respalda la hipótesis de la Bella Durmiente.

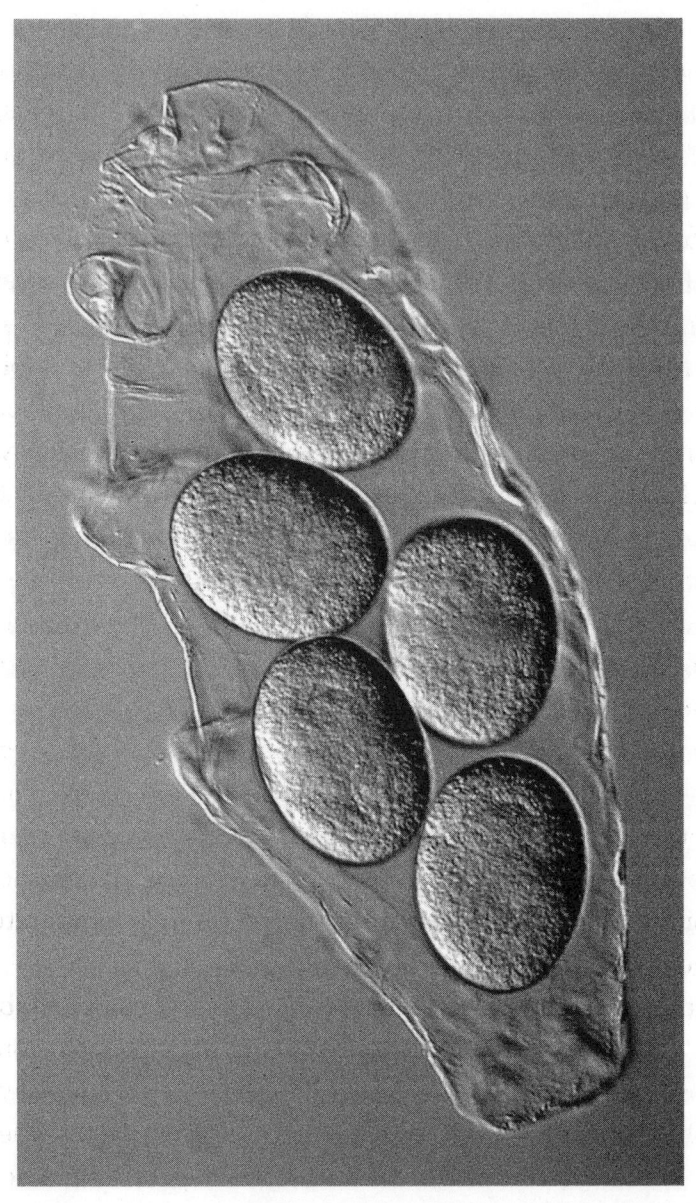

Los tardígrados, que miden alrededor de 0,5 mm, son célebres por su capacidad de sobrevivir en condiciones extremas. En la imagen, se puede observar su cuerpo translúcido, permitiendo ver los cinco huevos alojados en su interior, distribuidos a lo largo de su cavidad corporal. Estos huevos, de tamaño relativamente grande en comparación con el cuerpo del tardígrado, destacan claramente bajo el microscopio, mostrando parte del proceso de reproducción de esta criatura microscópica. La imagen capta algunos detalles de las patas rechonchas, que utiliza para moverse por su entorno [Dr. Norbert Lange].

La anoxibiosis es inducida por la ausencia de oxígeno o los bajos niveles de oxígeno en el agua que rodea el cuerpo tardígrado. En este estado, los tardígrados se vuelven inmóviles, rígidos y transparentes, debido a la absorción de agua resultante de la pérdida del control osmótico. En la mayoría de los casos, en estado anoxibiótico, los tardígrados pueden sobrevivir desde unas pocas horas hasta unos pocos días. Esta estrategia es utilizada por los tardígrados de agua dulce antárticos para sobrevivir los inviernos en aguas anóxicas profundas. La criobiosis es inducida por temperaturas muy bajas, por debajo de 0 °C, y permite que los tardígrados sobrevivan a la congelación y descongelación, mientras que la osmobiosis es la respuesta tardígrada a los cambios en la presión osmótica y la tolerancia a las variaciones en la salinidad. Los tardígrados terrestres y de agua dulce colocados en soluciones salinas pueden sobrevivir en este estado hasta veinticuatro horas, pero algunos heterotardígrados marinos pueden sobrevivir en un estado osmobiótico en agua dulce hasta tres días. En el tardígrado marino *Halobiotus crispae* ha sido observado un proceso único, denominado ciclomorfosis, que consiste en un ciclo anual de modificaciones morfológicas y fisiológicas, probablemente producidas en respuesta a cambios en las condiciones ambientales, como la temperatura o el nivel de oxígeno.

El caso es que, en estado criptobiótico, la actividad metabólica de los tardígrados desciende a un nivel muy bajo y esto confiere a estos animales resistencia a la falta de agua y a la desecación o deshidratación, pero también a una serie de factores letales como la alta temperatura, el bajo nivel de oxígeno, la radiación o a diferentes tipos de productos químicos, como el etanol, el sulfuro de hidrógeno y el dióxido de carbono.

La capacidad de entrar en un estado criptobiótico, que distingue a los osos de agua de la mayoría de los otros organismos, permite que los tardígrados resistan muchos factores ambien-

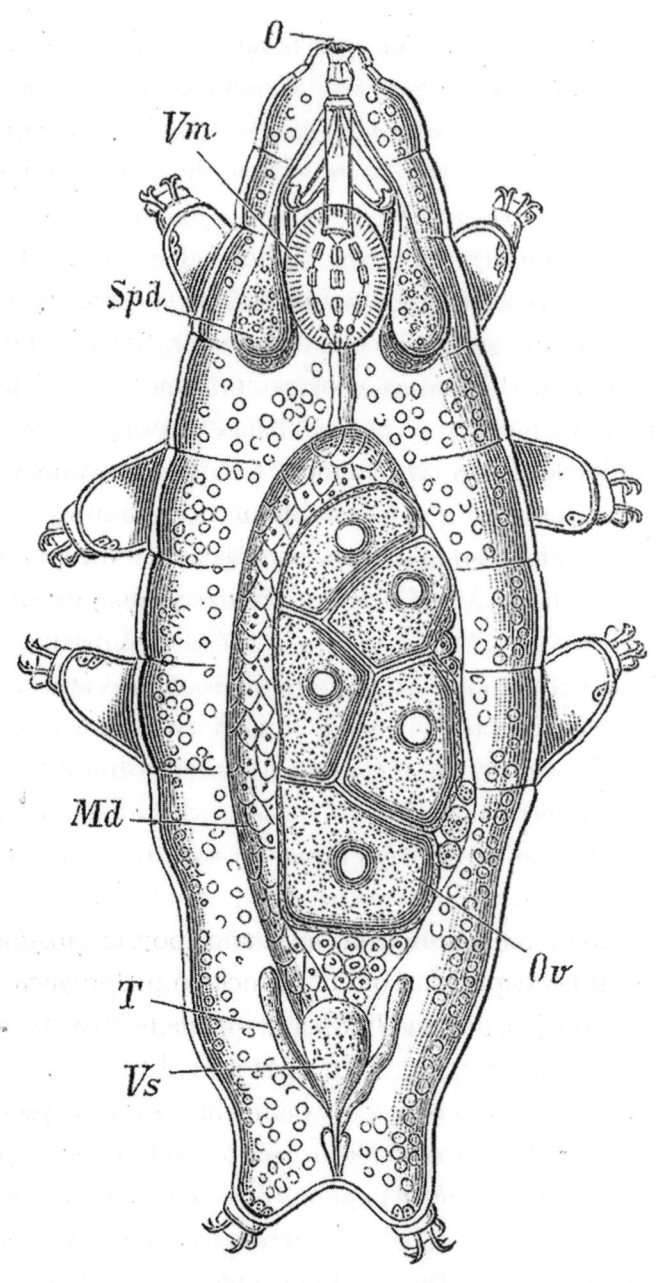

Macrobiotus Schultzei, nach G r e e ff. *O* Mund,
Vm Schlundkopf, *Md* Magendarm, *Spd* Speichel-
drüsen, *Ov* Ovarium, *T* Hoden, *Vs* Samenblase.

tales desfavorables. En esta forma inactiva pueden sobrevivir tiempo prolongado, desde nueve a veinte años en condiciones naturales. O incluso más. En el año 2016, científicos japoneses consiguieron reanimar ejemplares de tardígrados que llevaban más de treinta años congelados.

Parece evidente que los tardígrados ostentan el estatus de superorganismos, dentro del mundo animal, y que su resistencia es tan espectacular que casi nos invita a pensar que rozan la invulnerabilidad. Algunos osos de agua son tan resistentes a las temperaturas extremas que pueden sobrevivir, inmersos en helio líquido, desde los -272,8 grados Celsius hasta aproximadamente los 150 grados Celsius durante quince minutos.

Ha sido demostrado que las especies de tardígrados que habitan en el suelo ártico pueden sobrevivir más de seis años (setenta y cuatro meses) a -80 grados Celsius. Además, estos pequeños invertebrados también exhiben una resistencia significativa a bajas y altas presiones atmosféricas, y a altas dosis de radiaciones ionizantes y rayos X. Algunos individuos incluso son capaces de sobrevivir a dosis tan altas de radiación ultravioleta como las utilizadas para eliminar a los virus y a las bacterias más resistentes.

Por si esto no fuera suficiente, en el año 2007, la cápsula robótica espacial no tripulada Fotón M3 incluyó un proyecto denominado TARDIS (Tardigrada In Space), que demostró que los tardígrados pueden sobrevivir a la exposición al vacío espacial.

En el año 2011, la misión Endeavour incluyó el proyecto TARDIKISS (tardígrados en el espacio), cuyo objetivo principal era ampliar el conocimiento de los rasgos del ciclo de vida y de los mecanismos de reparación del daño estructural del ADN durante la exposición al estrés de los vuelos espaciales. Los resultados mostraron que la microgravedad y la radiación cósmica no afectaron significativamente a la tasa de supervivencia de los tardígrados.

Los tardígrados tienen estrategias morfológicas, conductuales y citoprotectoras para sobrevivir en condiciones ambientales extremas. Las estrategias morfológicas y conductuales incluyen el tamaño corporal pequeño, la falta de envejecimiento en anhidrobiosis y diferentes espesores de la cutícula que ayudan a la contracción anteroposterior del cuerpo, la reducción de la permeabilidad de la cutícula y la formación de la morfología «tun». Algunas moléculas involucradas en la citoprotección incluyen proteínas termosolubles únicas, responsables de la protección celular, definidas como proteínas intrínsecamente desordenadas. Están representadas por proteínas de choque térmico (HSP), proteínas citoplasmáticas abundantes solubles en calor (CAHS), proteínas mitocondriales abundantes solubles en calor (MAHS), proteínas secretoras abundantes solubles en calor (SAHS) y proteínas hidrofílicas abundantes en embriogénesis tardía (LEA). En el año 2017, investigadores japoneses demostraron que las células de riñón embrionario humano (HEK293), transfectadas con Dsup, una proteína proveniente de tardígrados, tenían hasta un 40 % menos de daño inducido por rayos X en el ADN y una viabilidad mejorada en comparación con las células sin Dsup. Los resultados sugieren que Dsup podría proteger el ADN de las células humanas de la exposición a la radiación y evitar la rotura del material genético.

Aunque, con la edad, el deterioro gradual de las funciones vitales no es una regla fundamental, es omnipresente entre los organismos vivos, independientemente de su modo de reproducción y del número de células constituyentes. Sin embargo, los tardígrados muestran capacidades sorprendentes que parecen ser claves para frenar el envejecimiento, porque en estos animales el deterioro se detiene o ralentiza temporalmente, debido al proceso de criptobiosis, por lo que comprender los mecanismos implicados podría ser fundamental para desarrollar estrategias que nos permitan, en un futuro próximo, alargar nuestra existencia varias decenas de años.

📖 Para leer más:

- Floriančičová, Kamila Novotná. 2023. «Phylogenetic and functional characterization of water bears (Tardigrada) tubulins». *Scientifc Reports* 13: 5194.
- Hashimoto, Takuma. 2017. «DNA Protection Protein, a Novel Mechanism of Radiation Tolerance: Lessons from Tardigrades». *Life (Basel)* 7 (2): 26.
- Hibshman, Jonathan. 2023. «Tardigrade small heat shock proteins can limit desiccation-induced protein aggregation». *Communications Biology* 6: 121.
- Iyer, Janani. 2022. «Multi-system responses to altered gravity and spaceflight: Insights from *Drosophila melanogaster*». *Neuroscience and Biobehavioral Reviews* 142: 104880.
- Kasianchuk, Nadiia. 2023. «The biomedical potential of tardigrade proteins: A review». *Biomedicine & Pharmacotherapy* 158: 114063.
- Massa, Edoardo. 2023. «Effects of synthetic acid rain and organic and inorganic acids on survival and $CaCO_3$ piercing stylets in tardigrades». *Journal of Experimental Zoology Part A: Ecological and Integrative Physiology* 339: 578-589.
- Roszkowska, Milena. 2023. «How long can tardigrades survive in the anhydrobiotic state? A search for tardigrade anhydrobiosis patterns». *PLoS ONE* 18 (1): e0270386.
- Sieger, Jessica. 2022. «Reduced ageing in the frozen state in the tardigrade *Milnesium inceptum* (Eutardigrada: Apochela)». *Journal of Zoology* 318 (4): 253-259.
- Zawierucha, Krzysztof. 2023. «Two new tardigrade genera from New Zealand's Southern Alp glaciers display morphological stasis and parallel evolution». *Molecular Phylogenetics and Evolution* 178: 107634.

El cuadro *Hércules lucha con la hidra de Lerna* es una obra del pintor Francisco de Zurbarán, realizada en 1634, como parte de una serie de diez pinturas sobre los Trabajos de Hércules. En esta pieza, representa al héroe griego en el acto de combatir a la hidra de Lerna, un monstruo mitológico con múltiples cabezas de serpiente, cada una de las cuales se regeneraba cuando era cortada. La figura de Hércules aparece en el centro de la composición, musculoso y dinámico, con una postura enérgica mientras sostiene su garrote en alto, preparado para atacar al monstruo. La iluminación y el uso de contrastes de luz y sombra, características del tenebrismo de Zurbarán, añaden dramatismo a la escena, acentuando la tensión del combate y la fuerza del héroe. La elección de representar a Hércules luchando contra la hidra refleja la influencia del arte y la mitología clásica en el Siglo de Oro español, así como un interés por los temas heroicos y alegóricos. Además de ser una celebración de la fuerza y la virtud de Hércules, la obra también puede interpretarse como una metáfora de la lucha contra los vicios o los enemigos del alma, un tema que resonaba profundamente en la época contrarreformista en la que Zurbarán trabajaba. El fondo oscuro y la casi total ausencia de detalles en el paisaje sirven para enfocar toda la atención en la figura de Hércules y su titánica batalla, subrayando el tema del coraje y la perseverancia frente a obstáculos aparentemente insuperables. Esta obra destaca por su capacidad de combinar el idealismo clásico con la intensidad emocional y la maestría técnica de Zurbarán [Museo Nacional del Prado].

REGENERACIÓN

«Una sierpe de extraña figura con muchas cabezas a la cual decían hidra y tenía tal naturaleza que por una cabeza de aquellas que le fuere tajada le nacían tres». Así inició Enrique de Villena, noble castellano nacido a finales del siglo xiv, el relato del terrible peligro que representaba la hidra, cuyo final habían intentado los habitantes de la pantanosa región de Lerna, cerca de Argos, una ciudad griega del Peloponeso, donde no había descanso ni paz a causa del dañino engendro. La hidra de Lerna, representada en el óleo sobre lienzo titulado *Hércules lucha con la hidra de Lerna*, que Francisco de Zurbarán pintó en 1634, era un despiadado monstruo acuático con forma de serpiente policéfala y aliento venenoso. La hidra custodiaba una entrada al inframundo y poseía la virtud de regenerar dos cabezas por cada una que perdía o era amputada, pero sucumbió ante Hércules, que, en el segundo trabajo de los doce que tenía encomendados, mató al monstruo.

La regeneración, el reemplazo de partes del cuerpo perdidas, es un fenómeno extendido en el reino animal, pero hay grandes diferencias en el proceso, que van desde reemplazar un solo tipo de célula, como en el caso del cristalino de la salamandra, hasta reponer todas las células dentro de una región del cuerpo, como ocurre en las planarias. Existen múltiples medios posibles por los cuales los tejidos lesionados podrían proporcionar nuevas células que actúen en la regeneración. En primer lugar, las células madre residentes podrían producir nuevos tipos de células. Las células madre son una clase de células con capacidad de autorrenovación y que pueden producir uno o más tipos de células diferenciadas. En segundo lugar, podrían ser producidas nuevas células a través de la desdiferenciación, es decir, la pérdida del carácter diferenciado de un tipo celular, para producir una célula en división que actúe como una célula progenitora. Finalmente, podrían surgir nuevos tipos celulares como resultado de la transdiferenciación, o un cambio de estado de un tipo celular a otro. La transdiferenciación podría ocurrir sin división celular o a través de una célula progenitora producida por desdiferenciación. Diversas de estas fuentes candidatas de nuevas células podrían, en principio, actuar en conjunto para permitir la regeneración de un tejido complejo. Para cualquier tipo de célula específico que actúe como surtidor de nuevas células, ya sea que funcione como una célula madre o a través de la desdiferenciación a un estado progenitor, es importante determinar el potencial de desarrollo de ese tipo de células en la regeneración (unipotentes, multipotentes o pluripotentes).

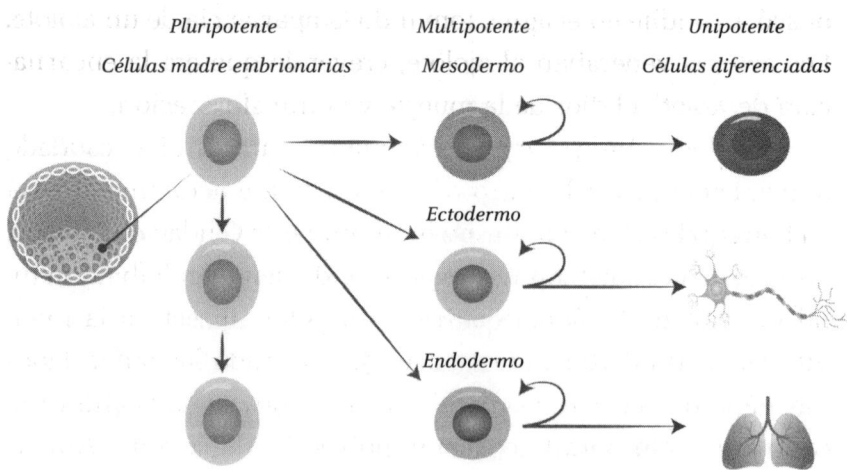

Esquema de la diferenciación celular [Julee Ashmead].

Por desgracia, los seres humanos no pueden regenerar las extremidades perdidas. En el mundo, más de sesenta millones de personas viven con merma o diferencia de extremidades. Cientos de personas pierden una extremidad todos los días. Dos tercios de las personas que han sufrido una amputación viven en entornos de bajos recursos. Las estimaciones auguran que cuando llegue el año 2050, el número de amputados será del doble. Las amputaciones tienen un profundo efecto funcional, en la salud y en la calidad de vida de las personas afectadas. El objetivo a largo plazo de la medicina regenerativa es reemplazar o reparar las extremidades dañadas mediante la inducción de respuestas regenerativas endógenas en humanos. Estudiar y comprender los mecanismos de regeneración que exhiben algunos animales será clave para tener éxito en el proceso. Por esta razón, muchas líneas de investigación han centrado el esfuerzo en examinar a un superorganismo, el ajolote, que es capaz de regenerar, de forma óptima, las extremidades pérdidas.

En la mitología mesoamericana, Xólotl era el hermano gemelo del dios mayor Quetzalcóatl y estaba destinado a ser sacrificado para sustentar los ciclos del Sol. Para escapar de la muerte, se transformó en maíz, luego en maguey y finalmente buscó escondite en el agua, tomando la apariencia de un ajolote. Los aztecas veneraban al ajolote, creyendo que era la encarnación de Xolotl, el dios de la muerte y la transformación.

El ajolote (*Ambystoma mexicanum*) es un anfibio caudado único, endémico del centro de México y que actualmente está en peligro de extinción. Después de fundar la Ciudad de México, los lagos cercanos fueron drenados, reduciendo el hábitat natural del ajolote. El anfibio sufrió otro golpe, directo a la mandíbula, en las décadas de 1970 y 1980, cuando las autoridades introdujeron la carpa y la tilapia en la red fluvial de Xochimilco, como alimento para la creciente población de la zona. Ambas especies consumen huevos y crías de ajolote. Para agravar los problemas del anfibio, en las últimas décadas ha aumentado la temperatura y la contaminación en las aguas poco profundas donde habita el ajolote. Un estudio realizado en 1998 en el hábitat natural del ajolote reveló que existían unos seis mil ejemplares por kilómetro cuadrado. El último censo, completado en el año 2015, estimó un registro de solo treinta y seis individuos por kilómetro cuadrado.

Este animal es un organismo neoténico, es decir, retiene rasgos juveniles a lo largo de su vida, y es capaz de regenerar por completo las extremidades y el sistema nervioso, incluidas las regiones del cerebro y de la médula espinal. También puede regenerar las branquias, partes del ojo, el corazón y otros tejidos del cuerpo. Aunque otros vertebrados pueden reemplazar las partes faltantes, en muchos casos las nuevas estructuras no son las mismas que las originales. Por ejemplo, cuando las lagartijas regeneran sus colas, la nueva estructura cumple la misma función que la anterior, pero se desarrolla por diferentes mecanis-

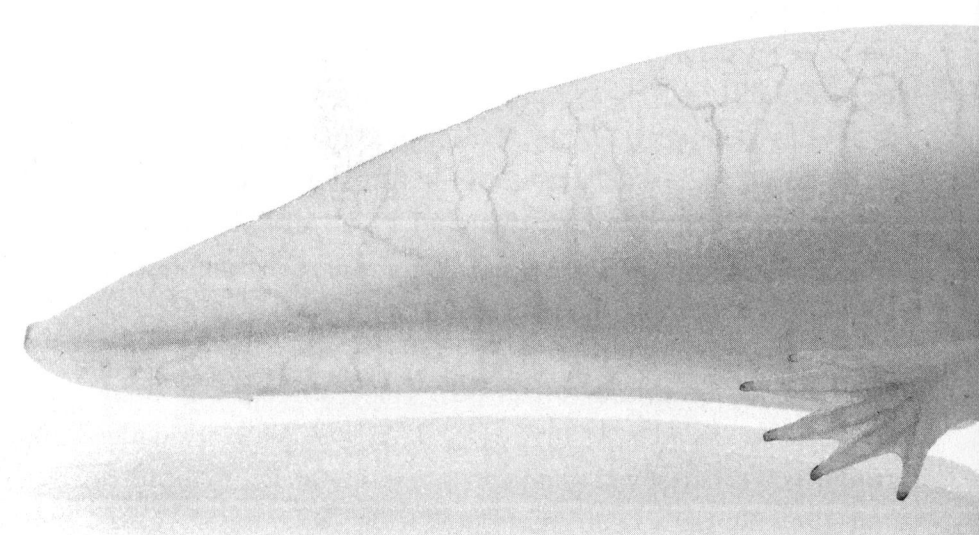

Ambystoma mexicanum, ejemplar leucístico [Nynke van Holten].

mos y su estructura es una versión simplificada de la original. En este sentido, el ajolote es el vertebrado con mayor capacidad de regeneración. Comparado con otras especies, el proceso de regeneración en *Ambystoma mexicanum* está caracterizado por la capacidad de formar una estructura especializada llamada blastema, considerada un paso crucial durante la regeneración que sigue a una lesión.

El ajolote tiene la capacidad de regenerar extremidades completas y fieles, independientemente del sitio de la lesión a lo largo del eje de la extremidad. La regeneración comienza con una herida, aunque no todas darán como resultado la formación de un miembro regenerado. En cuestión de horas, el epitelio de la herida migra y cubre el sitio de la lesión. En los días siguientes, las fibras nerviosas inervan el epitelio de la lesión, y se establece un centro de señalización especializado conocido como cubierta epitelial apical. Luego, este centro genera múltiples moléculas de señalización que provocan la desdiferenciación y prolifera-

BANCO DE MÉXICO

Ecosistema de ríos y lagos, con el ajolote y el maíz, en Xochimilco en la Ciudad de México, patrimonio cultural de la humanidad.

50 Pesos

Cincuenta Pesos

El billete de 50 pesos mexicanos, emitido por el Banco de México en 2021 como parte de la Serie G, presenta una ilustración de un ajolote, un anfibio endémico de los canales de Xochimilco, en Ciudad de México. Esta especie es conocida por su extraordinaria capacidad de regeneración y es un símbolo cultural que refleja la rica biodiversidad del país. El reverso del billete muestra un águila posada en un nopal con el Atlachinolli en el pico.

ción de los tejidos maduros subyacentes de las extremidades en células progenitoras, conocidas como células de blastema. Las interacciones en la herida entre las células de los ejes opuestos del miembro perdido establecen el patrón de las estructuras faltantes de la extremidad. Una vez dispuesto el patrón, las células se vuelven a diferenciar en las estructuras de las extremidades que faltan. La formación del blastema es el evento crítico que conduce a la regeneración exitosa de las estructuras perdidas a través del proceso de regeneración epimórfica.

En 1863, como resultado de una expedición francesa a México, un grupo de treinta y cuatro ajolotes vivos llegaron a Europa y fueron alojados en la Sociedad Zoológica Imperial de París. Era una época en la que los experimentos rigurosos y sistemáticos no abundaban en los laboratorios. Sin embargo, el creciente interés en las características morfológicas de los ajolotes, además de la historia detrás de ellos, inició su propagación. La relativa facilidad reproductiva favoreció la distribución de animales en toda Europa, tanto como especimen de laboratorio como en acuarios, zoológicos y colecciones naturales de aficionados. A principios del siglo XX, los ajolotes comenzaron a ser diseminados por todo el mundo. De los individuos originales llegados a París en 1863 deriva la mayoría de la población de ajolotes utilizada en tareas investigadoras. Como resultado, muchos ajolotes empleados en investigación tienen una alta similitud genética, con un coeficiente de consanguinidad del 35 %, por lo que superan, con amplitud, el umbral recomendado. Esta circunstancia es preocupante. El ajolote es un animal de laboratorio atractivo y común en los acuarios porque es relativamente resistente, prospera en agua dulce a temperatura ambiente y se reproduce durante todo el año. En la actualidad, alrededor de un millón de ajolotes están en cautiverio en laboratorios y acuarios desperdigados por todo el mundo. Sin embargo, la población silvestre de ajolotes está en decadencia y su conservación gravemente amenazada.

Los ajolotes han sido utilizados como organismos modelo en investigación durante más de ciento cincuenta años y han sido importantes para el estudio de los organizadores embrionarios, la organogénesis y el desarrollo y la fisiología de los embriones de vertebrados. En este periodo, han ayudado a comprender los defectos de nacimiento e incluso participaron en el descubrimiento de las hormonas tiroideas.

En el año 2018 fue secuenciado el genoma del ajolote, que tiene un tamaño unas diez veces superior al humano. No existe una correlación directa entre el tamaño del genoma y el número de genes. Los ajolotes tienen identificados, hasta el momento, unos 23.000 genes que codifican proteínas, por cerca de los 20 000 genes que codifican proteínas en los humanos. En muchos casos, el ajolote tiende a mantener múltiples copias de genes o parálogos de genes que los mamíferos han perdido. Quizás, pronto, el ajolote pueda ayudar a responder a la pregunta de qué consecuencias tiene poseer un genoma gigantesco y la respuesta permita avanzar en el revelado de planos regulatorios completos y en el desenvolvimiento de la regulación epigenética de los genes específicos involucrados en la regeneración de tejidos y extremidades.

La capacidad del ajolote para regenerar estructuras complejas que contienen múltiples tipos de tejidos y morfologías intrin-

El ajolote ocupa un lugar especial en la cultura tradicional mexicana debido a su singularidad biológica y su fuerte conexión con las leyendas y mitos prehispánicos. En la mitología azteca, se le asocia con Xólotl, el dios del ocaso, de la vida y la muerte, quien, según las historias, se transformó en ajolote para evitar ser sacrificado. A lo largo de los siglos, el ajolote ha aparecido en la literatura, el arte y la medicina tradicional mexicana, donde se le atribuyen propiedades curativas. [Lapis].

cadas, como las extremidades y la cola, sumado a la similitud anatómica de las extremidades de este anfibio con las de los humanos, a la buena cantidad de genes que compartimos con estos organismos y a que desarrollamos nuestras extremidades de una manera muy similar, hacen que estos animales puedan ser una llave maestra para mejorar la regeneración de tejidos en miembros amputados. La disponibilidad del genoma del ajolote, los numerosos protocolos que detallan una plétora de metodologías, los recursos adicionales disponibles y la existencia de una comunidad internacional próspera han generado un impulso sustancial para el uso del ajolote y otras salamandras en campos de investigación adicionales, como el envejecimiento, el metabolismo, la organización cromosómica y la regulación de redes genéticas, entre otros. Los avances tecnológicos recientes están facilitando el impulso de la medicina regenerativa, que tiene como objetivo mejorar los mecanismos naturales de reparación. En este sentido, la comprensión de los mecanismos regenerativos de ajolote y su potencial aplicación a los seres humanos es una ambición fabulosa, que, quizás, podría conducir a poder reemplazar los miembros perdidos, corregir deformidades congénitas y mejorar la vida de millones de personas amputadas.

📖 Para leer más:

- Altyar, Ahmed. 2023. «Future regenerative medicine developments and their therapeutic applications». *Biomedicine & Pharmacotherapy* 158: 114131.
- Fitzpatrick, Susan. 2022. «Hand Transplants, Daily Functioning, and the Human Capacity for Limb Regeneration». *Frontiers in Cell and Developmental Biology* 10: 812124.
- Martinez-Barnetche, Jesús. 2023. «Characterization of immunoglobulin loci in the gigantic genome of *Ambystoma mexicanum*». *Frontiers in Immunology* 14: 1039274.
- Min, Sangwon. 2023. «Limb blastema formation: How much do we know at a genetic and epigenetic level?». *The Journal of Biological Chemistry* 299 (2): 102858.
- Schloissnig, Siegfried. 2021. «The giant axolotl genome uncovers the evolution, scaling, and transcriptional control of complex gene loci». *The Proceedings of the National Academy of Sciences* (PNAS) 118 (15): e2017176118.
- Stone, Richard. 2023. «In Mexico, the world's last wild axolotls face extinction». *Science* 380 (6645): 570.
- Yandulskaya, Anastasia. 2023. «Establishing a New Research Axolotl Colony». *Methods in Molecular Biology* 2562: 27-39.
- Ye, Fang. 2022. «Construction of the axolotl cell landscape using combinatorial hybridization sequencing at single-cell resolution». *Nature Communications* 13: 4228.
- Wells, Kaylee. 2021. «Neural control of growth and size in the axolotl limb regenerate». *eLife* 0: e68584.

UN HONGO DESCOMUNAL

El Gran Incendio de 1910 fue un incendio forestal en la región interior del noroeste de los EE. UU. que quemó tres millones de acres, unos 12 000 kilómetros cuadrados, en el norte de Idaho y el oeste de Montana, con extensiones hacia el este de Washington y el sureste de la Columbia Británica. El fuego ardió durante dos días, el fin de semana del 20 al 21 de agosto, y mató a ochenta y siete personas, la mayoría bomberos. Es considerado el incendio forestal más grande en la historia de los EE. UU. y cimentó, en la psique estadounidense, la idea de que el fuego es malo y debe ser extinguido a toda costa. Por ello, el desastre consolidó y dio forma al Servicio Forestal de los EE. UU., que en ese momento era un departamento recién establecido al borde de la cancelación, porque enfrentaba los intereses mineros y forestales.

En la década de 1930, el gobierno estadounidense asignó recursos para la extinción de incendios, como parte de inversiones públicas a gran escala y programas de creación de empleo. La supresión de incendios era la piedra angular de la gestión forestal. El principal objetivo del servicio forestal, en aquella época, consistía en apoyar a la industria maderera y, durante décadas, la iniciativa prosperó en un entorno estable y libre de incendios. Primero, los bosques fueron despejados de árboles viejos, porque los individuos grandes generaban más dinero que los ejemplares pequeños. Luego, fueron sembrados árboles nue-

Resultado del huracán e incendio en un denso bosque de pino blanco de Idaho, en la bifurcación Little North del río St. Joe, Coeur d'Alene, Idaho [National Photo Company Collection].

Un leñador señala con su hacha el tronco de un magnífico *Pseudotsuga menziesii*, en Oregón, c. 1890. Esta región es hogar de vastos y antiguos bosques que albergan algunos de los árboles más emblemáticos de América del Norte, entre ellos el abeto de Douglas, que puede llegar a alcanzar alturas superiores a los cien metros y vivir más de mil años. Es muy apreciado por su madera resistente y duradera [Old Oregon, John F. Ford]

vos, en un patrón en forma de cuadrícula, con preferencia hacia las especies confiables y de rápido crecimiento, como los abetos.

La consecuencia es que ahora hay más abetos en los bosques occidentales estadounidenses de los que debería haber. Los abetos de Douglas (*Pseudotsuga menziesii*) y los abetos de Vancouber (*Abies grandis*), específicamente, son habituales, están proliferando por encima de lo conveniente y no están adaptados para resistir incendios, como sí ocurre con el *Pinus contorta*, que tiene semillas que requieren el calor extremo de un fuego para germinar. Un estudio del año 2017 en la revista científica *Trees, Forests and People* encontró que los abetos y otras especies que carecen de adaptaciones al fuego son nueve veces más comunes hoy que en siglos pasados, y en algunas áreas comprenden más del 90 % de la masa de árboles de un bosque.

Los abetos de Douglas y los abetos de Vancouber han permitido que suceda algo más. Estas especies son muy susceptibles a las infecciones del hongo *Armillaria ostoyae*. *Armillaria*, que incluye más de cuarenta especies descritas, es uno de los géneros más importantes de hongos patógenos de raíces en todo el mundo. Ataca a cientos de especies de árboles, tanto de uso maderero (*Abies, Picea, Pinus, Pseudotsuga*, etc.) como agronómico (*Citrus, Juglans, Malus*, etc.), en ambos hemisferios y en gran variedad de climas, por lo que está presente en bosques naturales y plantados de zonas templadas, boreales y ecosistemas tropicales. Además de ser patógenas, las especies de *Armillaria* también juegan un papel fundamental como descomponedores. La infección extensa observada en tocones y raíces, y la posesión prolongada del sustrato, sugieren que las especies de *Armillaria* contribuyen de modo significativo a la descomposición y al ciclo de minerales dentro de muchos bosques.

En el hemisferio norte, *Armillaria ostoyae* es de especial importancia. El hongo está muy distribuido en América del Norte y Eurasia, y es reconocido como un patógeno agresivo en una amplia variedad de coníferas y otros árboles. Las funciones ecológicas de *Armillaria ostoyae* son versátiles. Como parásito primario y secundario puede causar una mortalidad considerable de árboles en plantaciones de coníferas y bosques, y como saprótrofo es un eficiente descomponedor de madera muerta. Recientemente, han sido secuenciados varios genomas de cepas europeas y norteamericanas de *Armillaria ostoyae* y, en comparación con otros hongos de pudrición blanca, los datos muestran una subrepresentación de familias de genes ligninolíticos y una sobrerrepresentación de familias de genes pectinolíticos.

La capacidad de formar redes de micelio grandes y persistentes convierte a *Armillaria ostoyae* en protagonista de los ecosistemas forestales, porque influye en la sucesión, la estructura y la composición del bosque. En la actualidad, el hongo desafía las estrategias de contención y, por tanto, continúa la búsqueda de nuevas tácticas de control. Durante la etapa vegetativa predominante, *Armillaria ostoyae* es diploide y se propaga por medio de

Armillaria ostoyae, conocido como el hongo de la miel, es uno de los organismos más grandes y longevos del planeta. Aunque se destaca por su tamaño y antigüedad, este hongo es también un patógeno presente en los bosques de coníferas del hemisferio norte, donde puede causar la podredumbre de la raíz y provocar la muerte de grandes áreas forestales. A pesar de su impacto destructivo, *A. ostoyae* cumple una función importante en la descomposición de la madera, facilitando el reciclaje de nutrientes en los ecosistemas donde se desarrolla [H. Helene]

rizomorfos, unas estructuras micelares parecidas a raíces, a través del suelo o mediante transferencia de micelio de tejido infectado a raíces sanas. Las basidiosporas sexuales solo son liberadas durante la fructificación, en un breve período de tiempo otoñal. En condiciones favorables, los micelios haploides compatibles logran aparearse y formar nuevos individuos diploides. Por medio de la dispersión vegetativa, los individuos de *Armillaria ostoyae* pueden alcanzar un tamaño y una edad considerables.

De hecho, un ejemplar descomunal de *Armillaria ostoyae* habita en las Montañas Azules de Oregón, en los EE. UU. Esta área es el hogar de algunos de los bosques primarios más grandes de América del Norte, incluidos varios en los que predomina el abeto de Vancouber y otras especies de abetos, por lo que resulta ideal para el desarrollo de *Armillaria ostoyae*.

En 1998, un grupo de científicos descubrió que los hongos de la especie *Armillaria ostoyae* residentes en el Bosque Nacional Malheur, en las Montañas Azules, son en realidad un único orga-

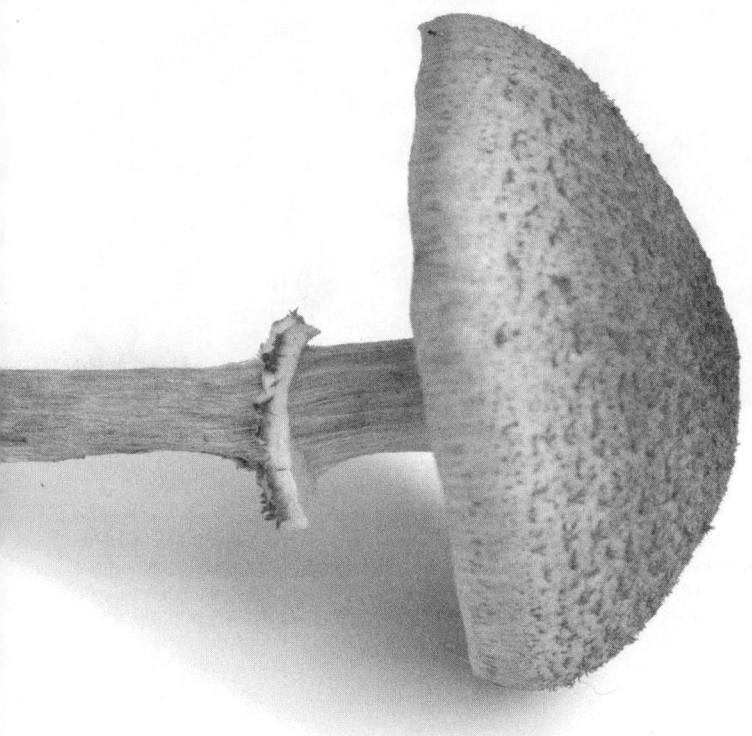

Además de su fama por su tamaño colosal, el hongo de la miel es también notable por la forma en que se propaga. *Armillaria ostoyae* utiliza unas estructuras llamadas rizomorfos, que se asemejan a raíces negras y pueden extenderse a través del suelo en busca de nuevas fuentes de alimento. Estos rizomorfos permiten al hongo colonizar nuevas áreas al invadir el sistema radicular de los árboles vecinos, convirtiéndose en una amenaza silenciosa pero persistente en los bosques de coníferas. En condiciones adecuadas, puede formar grandes masas de micelio interconectado, creando un superorganismo que crece a lo largo de siglos [Edwin Butter].

nismo clónico, que está instalado en más de 960 hectáreas de terreno, una extensión desmesurada similar a la de 1350 campos de fútbol. Casi todo el organismo está bajo tierra, proyectando una red intrincada de rizomorfos que serpentean trepidantes para alcanzar a los árboles del bosque. En el otoño, las partes subterráneas del organismo surgen como un hongo de múltiples sombreros dorados, los cuales son comestibles, aunque no tienen un sabor muy cotizado. La edad mínima estimada del espécimen del Bosque Nacional Malheur son 2400 años, y el peso supuesto oscila entre 6800 y 31 750 toneladas. A pesar de que este ejemplar es anterior a la gestión forestal del siglo XX, la supresión de los incendios quizás haya facilitado el crecimiento del hongo, y, hoy en día, si combinamos la masa, el área y el volumen, es posiblemente el organismo vivo más grande del planeta.

📖 Para leer más:

- Baumgartner, Kendra. 2011. «Secrets of the subterranean pathosystem of *Armillaria*». *Molecular Plant Pathology* 12 (6): 515-534.
- Heinzelmann, Renate. 2020. «Chromosomal assembly and analyses of genome-wide recombination rates in the forest pathogenic fungus *Armillaria ostoyae*». *Heredity* 124: 699-713.
- Kedves, Orsolya. 2021. «Epidemiology, Biotic Interactions and Biological Control of Armillarioids in the Northern Hemisphere». *Pathogens* 10: 76.
- Koch, Rachel. 2021. «Global Distribution and Richness of Armillaria and Related Species Inferred From Public Databases and Amplicon Sequencing Datasets». *Frontiers in Microbiology* 12: 733159.
- Linnakoski, Riikka. 2021. «*Armillaria* root rot fungi host single-stranded RNA viruses». *Scientific Reports* 11: 7336.
- Porter, Debora. 2022. «The melanized layer of *Armillaria ostoyae* rhizomorphs: Its protective role and functions». *Journal of the Mechanical Behavior of Biomedical Materials* 125: 104934.

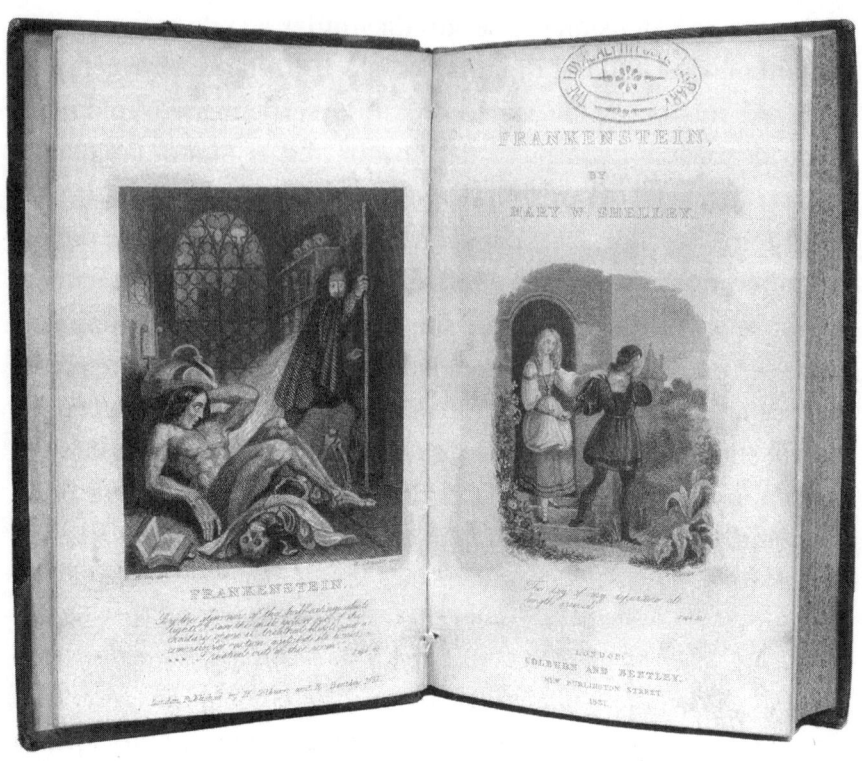

En 1831, Mary Shelley revisó y corrigió su obra maestra *Frankenstein; or, the Modern Prometheus*, publicando una edición que se convertiría en el volumen IX de la serie *Bentley's Standard Novels*. Esta edición no solo es la tercera impresión del libro, sino también la primera en incluir ilustraciones del famoso monstruo. Fue publicada por Henry Colburn & Richard Bentley en Londres y contenía una introducción completamente nueva escrita por la propia Shelley, donde proporciona contexto sobre el origen de su historia. Ella describe cómo, durante un verano lluvioso y sombrío, el famoso desafío de lord Byron de escribir historias de fantasmas condujo a la creación de su «horrible progenie», el monstruo de Frankenstein. Esta edición también incluía *The Ghost-Seer* y era presentada con un grabado como frontispicio y una elegante y práctica encuadernación en media piel, color canela. Este ejemplar presenta algunas características únicas, como un sello ovalado —de la Loyal Alyth Public Library— en quince de sus páginas. Esta biblioteca, fundada por William Ogilvy of Loyal en 1871, funcionó hasta 1912. Aunque la edición ha sufrido algunas reparaciones menores en la bisagra superior delantera y muestra leves marcas de desplazamiento en el frontispicio, se encuentra en muy buen estado para su edad. El ejemplar ofrece una visión histórica del impacto y la recepción de *Frankenstein*, ya que todas las primeras tres impresiones son escasas y altamente valoradas por coleccionistas y académicos. Esta tercera edición es especialmente notable, no solo por ser la primera ilustrada, sino también porque captura la intención de Shelley de que su creación continúe impactando a las futuras generaciones [D&D Galleries].

ELÉCTRICO

Cuando tenía alrededor de catorce años, estábamos en nuestra casa cerca de Belrive y fuimos testigos de una violenta y terrible tormenta. Había bajado desde el Jura y los truenos estallaban unos tras otros con un aterrador estruendo en los cuatro puntos cardinales del cielo. Mientras duró la tormenta, yo permanecí observando su desarrollo con curiosidad y asombro. Cuando estaba allí, en la puerta, de repente, observé un rayo de fuego que se levantaba desde un viejo y precioso roble que se encontraba a unas veinte yardas de nuestra casa; y en cuanto aquella luz resplandeciente se desvaneció, pude ver que el roble había desaparecido, y no quedaba nada allí, salvo un tocón abrasado. A la mañana siguiente, cuando fuimos a verlo, nos encontramos el árbol increíblemente carbonizado; no se había rajado por el impacto, sino que había quedado reducido por completo a astillas de madera. Nunca vi una cosa tan destrozada. La catástrofe del árbol me dejó absolutamente asombrado.

Entre otras cuestiones sugeridas por el mundo natural, profundamente interesado, le pregunté a mi padre por la naturaleza y el origen de los truenos y los rayos. Me dijo que era «electricidad», y me explicó también los efectos de aquella fuerza. Construyó una pequeña máquina eléctrica, e hizo algunos pequeños experimentos y preparó una cometa con una cuerda y un cable que podía extraer aquel fluido desde las nubes.

El fragmento, puesto en boca de Víctor Frankenstein, es parte del segundo capítulo de la novela *Frankenstein o el Moderno Prometeo*, el célebre relato gótico escrito por Mary Shelley y publicado en 1818. En el prefacio de la edición de 1831, Mary Shelley reconoció que el galvanismo era una de las piezas que inspiró la trama de la obra.

El concepto del galvanismo fue desarrollado por primera vez por el médico y fisiólogo italiano Luigi Galvani, tras experimentar con ancas de rana cortadas en la Universidad de Bolonia. Galvani descubrió que las ancas de rana se contraían, como si estuvieran vivas, cuando tenían contacto con una chispa de electricidad. Galvani creyó haber descubierto una misteriosa fuerza

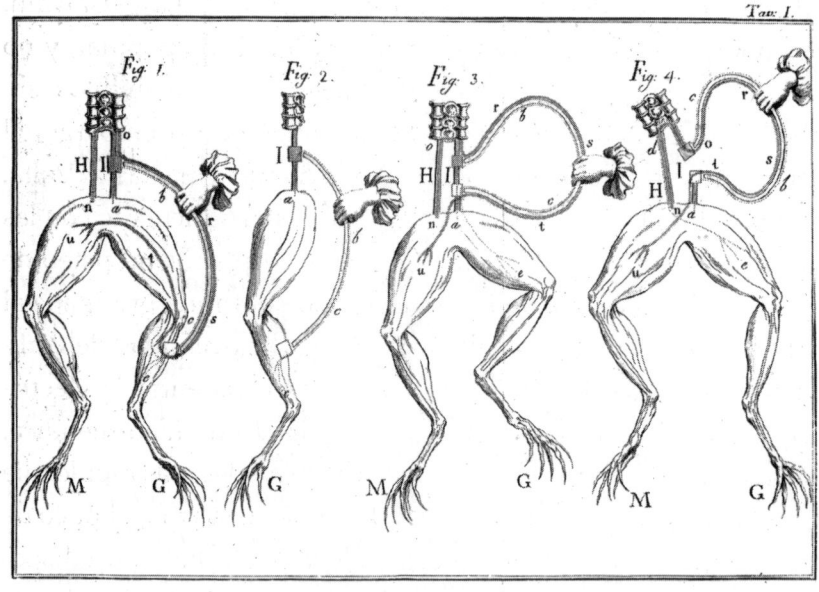

Este diagrama de 1793 ilustra el experimento sobre el nervio ciático realizado por Luigi Galvani en ranas, un importante avance en la historia de la fisiología y la bioelectricidad. En este experimento, Galvani descubrió que al aplicar una corriente eléctrica a los nervios de las ranas, estos se contraían, lo que llevó al desarrollo de la teoría de la electricidad animal, marcando el inicio de la investigación sobre los efectos de la electricidad en los sistemas biológicos y sentando las bases para el futuro estudio de la neurofisiología.

vital que sobrevivía incluso a la muerte del animal. El sobrino de Galvani, Giovanni Aldini, elevó el nivel de su tío, y pasó de las ancas de rana a intentar la reanimación de criminales ahorcados, haciendo uso de la Ley de Asesinato de 1752, que agregó el castigo de disección al ahorcamiento. En 1803, Aldini pudo experimentar con cierto éxito con George Forster, que había sido declarado culpable de asesinar a su esposa e hijo. Los espectadores informaron que, después del golpe eléctrico, Foster abrió un ojo, levantó y apretó la mano derecha y movió las piernas. ¿Imaginan la reacción de los presentes? Uno de los testigos del experimento, el señor Pass, que era bedel de la Compañía de Cirujanos, estaba tan alarmado que no aguantó el susto y murió poco después de regresar a casa.

A partir de la publicación, en 1791, del libro *De viribus electricitatis in motu musculari commentarius*, escrito por Luigi Galvani, el fenómeno galvánico tomó dimensión pública y popular, y no es extraño que la provocativa teoría hiciera vibrar al ámbito científico y a personas cultas como Mary Shelley. Sin embargo, el físico italiano Alessandro Giuseppe Antonio Anastasio Volta, profesor de la Universidad de Pavía, no estaba de acuerdo con las conjeturas de Galvani, y defendía que el sorprendente pateo de las ancas de rana era debido a una reacción química, originada al poner en contacto dos metales a través de la extremidad del anfibio, que actuaba de conductor. La controversia entre la electricidad animal, propuesta por Galvani, y la electricidad metálica, defendida por Volta, prendió en las universidades más rápido que la yesca en agosto. La cuestión quedó zanjada en 1799, al poco de morir Galvani, cuando Volta desarrolló la pila voltaica, un dispositivo revolucionario capaz de producir una corriente eléctrica de manera continua, y no mediante descargas completas, como por ejemplo hacía la botella de Leyden, un artilugio eléctrico mencionado en obras como *Moby Dick*, de Herman Melville, o *Veinte mil leguas de viaje submarino*, de Julio Verne.

En los años siguientes, gigantes como Ampère, Faraday, Ohm, Morse, Gramme, Tesla, von Siemens, Westinghouse, Graham Bell o Alva Edison, entre otros, impulsaron la electrificación y la generación masiva de electricidad, facilitando la segunda revolución industrial y el empleo mayoritario y cotidiano de aparatos eléctricos. Por desgracia, la bienllegada electricidad también trajo bajo el brazo algún artefacto macabro como la infame silla eléctrica. El 6 de agosto de 1890, en la prisión de Auburn, en Nueva York, aconteció la primera ejecución por electrocución de la historia. El condenado, William Kemmler, fue ejecutado por asesinar con un hacha a su amante, Matilda Ziegler.

La electrocución como medio humanitario de ejecución fue sugerida por primera vez en 1881 por el doctor Albert Southwick,

Silla eléctrica en la prisión estatal de Auburn, hacia 1908 [Library of Congress].

un dentista. Southwick había presenciado la muerte, sin aparente dolor, de un anciano borracho después de tocar los terminales de un generador eléctrico en Buffalo, Nueva York. En aquel momento, el método predominante de ejecución era el ahorcamiento, pero estaba en entredicho, porque muchos condenados tardaban hasta treinta minutos en morir. La controversia era servida en el desayuno, el almuerzo y la cena, hasta que en 1889 entró en vigor la Ley de Ejecución Eléctrica de Nueva York, la primera de ese tipo en el mundo. La prisión de Auburn rompió el hielo. El verdugo Edwin R. Davis ejecutó a Kemmler utilizando una silla equipada con dos electrodos, que eran aplicados en la cabeza y en la espalda y que estaban compuestos por discos de metal unidos con goma y cubiertos con una esponja húmeda. En el primer intento, Davis aplicó un voltaje de unos 700 voltios durante diecisiete segundos. De primeras, Kemmler parecía muerto, pero dejó escapar un gemido profundo y recibió una segunda dosis de 1030 voltios durante dos minutos. El segundo chute fue definitivo. El ambiente quedó saturado de un tufo pestilente a ropa quemada y a carne chamuscada. Varios testigos sufrieron desmayos y ataques severos de náuseas. Los periódicos calificaron la ejecución como un error histórico, repugnante e inhumano. Desde entonces, más de 4300 personas han sido ejecutadas en los EE. UU. utilizando la silla eléctrica. En las últimas décadas, de 1976 y hasta julio de 2023, un total de 163 personas fueron ejecutadas por electrocución en los EE. UU.

La electrocución, a menudo accidental, es una causa frecuente de muerte. Por ejemplo, en los EE. UU., cada año, ocurren más de 30 000 incidentes eléctricos, que derivan en unas 1000 muertes anuales, consecuencia de las heridas sufridas. De todos los fallecimientos, unos 400 son debidos a lesiones eléctricas de alto voltaje. Los rayos son la causa natural más habitual, y en territorio estadounidense provocan entre 50 y 300 muertes al año.

En realidad, la electricidad es una fuerza invisible omnipresente en el planeta. Animales, plantas y microorganismos emplean la electricidad para diversas funciones vitales y para interaccionar con el entorno. Por ejemplo, la electricidad es necesaria para que el sistema nervioso envíe señales al cerebro y al resto del cuerpo. Debido a que la electricidad natural impregna el medioambiente y la vida de tantos organismos, y tiene un claro valor ecológico, muchas especies animales pueden detectar la electricidad cuando es relevante para su ecología natural. Esta habilidad, denominada electrorrecepción, es frecuente en el ámbito animal y típica de tiburones y ornitorrincos. Los escualos pueden detectar señales eléctricas tan débiles como 15.000 millonésimas de voltio. Ciertos insectos, como los abejorros y los sírfidos, pueden sentir la electricidad presente alrededor de las flores y usar esta información para saber qué flor guarda la mejor reserva de néctar. Además, algunos organismos van más allá, y son capaces de generar de forma activa campos eléctricos con órganos especializados. Este fenómeno es llamado electrogénesis.

Los animales electrogénicos pueden generar electricidad y enviarla fuera del cuerpo. Algunos, como anguilas eléctricas, rayas torpedo, bagres africanos de agua dulce y peces nariz de elefante, envían descargas de alto voltaje para incapacitar a las potenciales presas. La capacidad de generar cargas eléctricas de alto voltaje

Pez gato eléctrico (*Malapterurus electricus*), *Historia natural de los animales*, 1880.

es un super poder increíble. Las rayas torpedo (*Torpedo torpedo*) y de ataúd (*Hypnos monopterygius*) emiten descargas de entre 200 y 250 voltios; el pez gato eléctrico (*Malapterurus electricus*) regala sacudidas de 450 voltios; y la anguila eléctrica (*Electrophorus electricus*) obsequia calambrazos de 650 voltios. La anguila eléctrica (*Electrophorus electricus*) es un pez de agua dulce, originario de América del Sur, famoso por producir descargas eléctricas de alto voltaje que utiliza para la depredación y la defensa.

La historia evolutiva de los órganos electrogénicos es interesante, porque han evolucionado no solo en múltiples linajes de peces independientes, a partir de precursores miogénicos, sino también dentro de cada linaje. La variación funcional es tremenda. Esto es particularmente cierto en los Gymnotiformes, un orden de peces de río teleósteos, donde, por ejemplo, *Electrophorus electricus* ha desarrollado tres órganos eléctricos distintos y es capaz de generar descargas tímidas o de alto voltaje. Al igual que todos los demás Gymnotiformes, *Electrophorus electricus* genera descargas débiles a partir del órgano eléctrico de Sachs y la parte posterior del órgano eléctrico de Hunter, con el fin de navegar y comunicarse en el agua dulce turbia, que es el hábitat nativo del animal. Sin embargo, además de esta función, *Electrophorus electricus* produce enormes descargas, de decenas a cientos de voltios y un amperio de corriente, desde el órgano eléctrico principal y

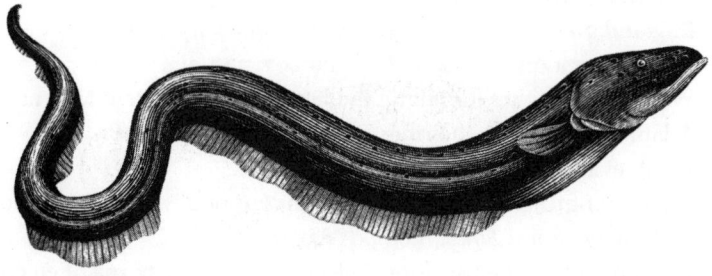

Anguila eléctrica (*Electrophorus electricus*), *Historia natural de los animales*, 1880.

la parte anterior del órgano eléctrico de Hunter. Estas descargas son usadas con fines de depredación y defensa. Investigaciones recientes han demostrado que las anguilas eléctricas cooperan y trabajan en equipo, en cacerías bien organizadas, para acorralar a pequeñas presas como los peces Tetra.

En el año 2019 fueron descritas dos nuevas especies de anguilas eléctricas, *Electrophorus varii*, que produce descargas de unos 500 voltios, y *Electrophorus voltai*, nombrada en honor a Alessandro Volta, que es capaz de generar descargas de hasta 860 voltios, por lo que es el animal eléctrico más poderoso del planeta.

Teniendo en cuenta que en los hogares europeos la corriente eléctrica es de 220 voltios; que las baterías de los coches eléctricos generan tensiones de 400 a 800 voltios de corriente continua; y que las electrocuciones con descargas por debajo de los 500 voltios normalmente provocan arritmias malignas que desembocan en la parada cardiorrespiratoria, la capacidad eléctrica de *Electrophorus voltai* es extraordinaria.

📖 Para leer más:

- Catania, Kenneth. 2017. «Power Transfer to a Human during an Electric Eel's Shocking Leap». *Current Biology* 27: 2887-2891.
- De Santana, David. 2019. «Unexpected species diversity in electric eels with a description of the strongest living bioelectricity generator». *Nature Communications* 10: 4000.
- England, Sam. 2022. «The ecology of electricity and electroreception». *Biological Reviews* 97: 383-413.
- Wang, Ying. 2021. «Genomic Evidence for Convergent Molecular Adaptation in Electric Fishes». *Genome Biology and Evolution* (GBE) 13 (3): evab038.
- Xiao, Xiangting. 2023. «Electric Eel Biomimetics for Energy Storage and Conversion». *Small Methods* e2201435.
- Xu, Jun. 2021. «The third form electric organ discharge of electric eels». *Scientific Reports* 11: 6193.

QUISIERA SER TAN ALTO
COMO LA LUNA

El Primer Libro de Samuel forma parte del Antiguo Testamento de la Biblia y del Tanaj, y narra que en la guerra entre filisteos e israelitas un campeón llamado Goliat, que era de Gat, salió del campamento de los filisteos. De inmediato, el tipo, que era imponente, acongojó a los adversarios. La baza filistea era de aúpa. Por lo visto, el tal Goliat medía seis codos y un palmo, longitud poco nítida, dicho sea de paso, así es que la estatura real es un misterio. La mayoría de los autores manejan una horquilla holgada, que va desde los factibles 206 centímetros hasta los estratosféricos 296 centímetros; además de grandote, cuando salió al escenario, Goliat iba hecho un pincel. Portaba un yelmo de bronce y vestía una pesada armadura de escamas a juego. El conjunto era rematado con grebas ajustadas a las piernas, una temible jabalina asida a la espalda y un vozarrón de oso cavernario. Vamos, que Goliat era un gigante de pasarela, invencible sobre el papel e inexpugnable en la práctica, o al menos eso creían, hasta que, desde la distancia, y en un santiamén, fue descalabrado por el habilidoso y certero David.

Quizás Goliat es el gigante de mayor fama, aunque el catálogo de seres gigantescos sea más extenso y diverso que la interminable línea de sucesión al trono británico. De hecho, los gigantes

Cartel publicitario original de *King Kong* (1933), un testimonio icónico del cine de aventuras y monstruos. Dirigida y producida por Merian C. Cooper y Ernest B. Schoedsack, con efectos especiales innovadores a cargo de Willis H. O'Brien y la banda sonora de Max Steiner. Se estrenó el 2 de marzo de 1933 en la ciudad de Nueva York y recibió críticas entusiastas por su animación en *stop-motion* y su composición musical. Reconocida por su impacto cultural, histórico y estético, la película fue seleccionada para la preservación en el Registro Nacional de Películas de la Biblioteca del Congreso en 1991.

configuran, aquí y allá, mitos y leyendas en multitud de países diferentes, incluida España, donde el gigante Netú fue petrificado para formar la cima del Aneto y el enorme Tombatossals, un gigante afable y bonachón, fundó Castellón de la Plana. En agradecimiento, la ciudad, con motivo del 750 aniversario de la fundación del municipio, instaló, en la avenida de la Virgen del Lledó, una estatua conmemorativa, hecha de placas de hierro, que mide veinte metros de altura y pesa veinte toneladas, y que encarna al gigante Tombatossals. La figura está acompañada de una placa con el siguiente texto: «Tombatossals. El gigante de fuerza descomunal hijo de Tossal Gros y Peyneta Roja retoño de la tierra, nacido del amor de las dos rocas más singulares de la comarca de la Plana que con su esfuerzo abnegado derribó montes, allanó tierras, abrió zanjas, hizo correr las acequias y convirtió la tierra yerma de Castellón en un vergel feraz y fecundo».

Ser gigante tiene varias ventajas. Los animales grandes tienen menos depredadores y más reservas disponibles; son mejores para retener el calor corporal; y pueden viajar distancias más largas con un menor costo relativo durante el transporte. Sin embargo, ser grande también tiene una enorme desventaja. La masa corporal de un animal es proporcional a la fuerza gravitacional que experimenta. Por tanto, a medida que un animal aumenta en masa, también debe incrementar la cantidad de fuerza que su esqueleto necesita para soportar o resistir el peso. Esto no sería un problema si la capacidad de un animal para sustentar esta masa también aumentara por igual, pero este no es el caso. Además, el rendimiento de un animal, como la velocidad a la que puede correr, está relacionado con este desajuste entre el tamaño corporal y la capacidad reducida para aguantar la masa. Tomando esto en consideración, por mucho que nos duela, debemos asumir que, aunque la ficticia isla Calavera fuera real, nunca habría albergado al fabuloso King Kong. Es imposible que viva o haya existido un animal parecido, porque el esqueleto y los

Una postal que muestra a Robert Wadlow de pie junto a su padre, en 1937.

músculos de la criatura resultante no podrían soportar su masa. Si tomáramos un gorila occidental típico de 160 kilos y lo agrandáramos, por ejemplo, multiplicando por un factor de veinte, las matemáticas dictan que la masa de la criatura aumentaría cúbicamente, o por una potencia de tres. Sin embargo, por la misma proporción de aumento de tamaño, el ancho del cuerpo del animal, y por lo tanto esqueleto y músculos, aumentaría solo por una potencia de dos. Es decir, los huesos de las patas quedarían hechos trizas bajo el peso corporal. Por ello, en general, los animales terrestres no son excesivamente grandes ni altos. Los elefantes africanos, por ejemplo, pueden alcanzar unos cuatro metros de altura y pesar hasta 7,5 toneladas.

En esta competición, los humanos somos una nadería, y no hemos obtenido ni diploma honorífico. Nuestra mejor opción para intentar conseguir medalla fue la del estadounidense Robert Pershing Wadlow, que ha sido la persona más alta conocida y documentada. Robert medía 272 centímetros y nació en 1918 en Alton, Illinois, por eso era conocido como el Gigante de Alton. La colosal estatura de Robert era debida a que presentaba una hiperplasia en la glándula pituitaria, que provocaba la producción anormalmente alta de hormona del crecimiento. Aunque en el pasado algunos dinosaurios alcanzaron una altura superior a los veinte metros y un tonelaje considerable, los mamíferos no pueden dedicar toda la energía a aumentar el tamaño corporal, porque el gasto energético de su metabolismo es alrededor de diez veces mayor que el de los reptiles. En la actualidad, la jirafa Masai (*Giraffa camelopardalis tippelskirchi*), que roza los seis metros de altura, es el animal terrestre más alto del mundo, aunque su talla, a pesar de ser admirable, está lejísimos de la alcanzada por muchos árboles, que de largo son los seres vivos más espigados del planeta.

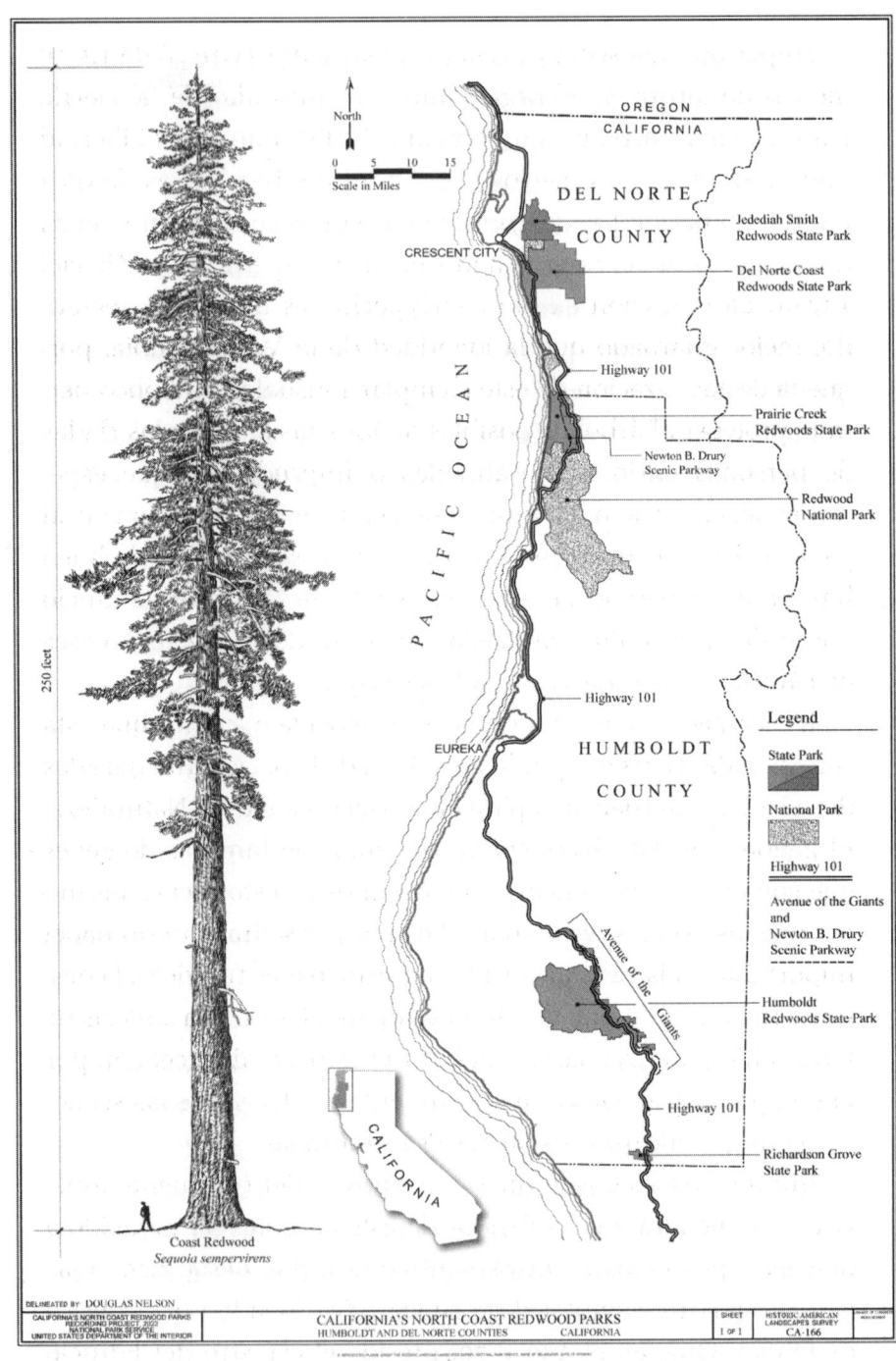

Parques de secuoyas de la costa norte de California, Orick, condado de Humboldt, CA
[Library of Congress].

Hyperion, una secuoya roja (*Sequoia sempervirens*) de 115,55 metros de altura, es el organismo vivo más alto de la Tierra. Para poner al arbolito en contexto, la Estatua de la Libertad mide noventa y tres metros y la altura del Big Ben es de 96,2 metros. Hyperion fue descubierto hace unos cuantos años, el 25 de agosto de 2006, por los naturalistas Chris Atkins y Michael Taylor. La ubicación exacta de Hyperion es un medio secretillo, mejor guardado que la identidad de la Vecina Rubia, porque la deslocalización de este ejemplar inusual y simbólico permite proteger al árbol de posibles daños causados por las riadas de personas curiosas, desalmadas o imprudentes, que esperan expectantes la oportunidad de acudir en masa a abrazar al gigante. En aras de preservar a Hyperion saludable y de buen humor, en el verano de 2022, el estado de California anunció que impondrá multas, de hasta cinco mil dólares y seis meses de cárcel, a quien ose visitar a la secuoya.

La secuoya roja es una especie reconocida e icónica que está considerada en peligro por la Lista Roja de Especies Amenazadas de la Unión Internacional para la Conservación de la Naturaleza. El genoma de este árbol contiene cientos de familias de genes que son exclusivas de la especie. Algunos de estos genes permiten que los árboles respondan al estrés y desempeñan un papel importante en la resistencia a las enfermedades fúngicas, la desintoxicación, la reparación después de una lesión y la síntesis de flavonoides, que ayudan a combatir el estrés a nivel celular, por lo que podrían favorecer el crecimiento tisular y que las secuoyas consigan alcanzar estaturas desmesuradas.

Aunque las secuoyas rojas son nativas del continente americano, la belleza y el esplendor de estos árboles ha inducido a que sean plantados en otros continentes. Así, desde hace más de un siglo, un ejemplar de secuoya roja, donado por Federico de Onís y Onís en el año 1870, preside el claustro del Edificio de las Escuelas Mayores de la Universidad de Salamanca y es un emblema de la ciudad. En la actualidad, el árbol alcanza los treinta y dos metros de altura y presenta un buen estado de conservación. De hecho, la lozanía y la salud mostrada por la secuoya ha posibilitado que, en las últimas décadas, hayan sido plantados, en el campus Unamuno de la universidad salmantina y en varios parques de Salamanca, nuevos árboles vástagos del ejemplar centenario. A pesar de ser árboles solicitados y bien considerados, en general, el número de individuos esparcidos por el continente europeo es moderado. Uno de los mayores bosques de secuoyas rojas californianas de Europa está situado en Poio, provincia de Pontevedra, a una altura de 435 metros en una ladera del Monte Castrove. El conjunto cuenta con unos quinientos ejemplares de la especie *Sequoia sempervirens*, que fueron regalados por el gobierno estadounidense presidido por George Bush padre, y plantados para conmemorar el V Centenario del Descubrimiento de América. No obstante, a pesar de la presencia tachonada de unas cuantas secuoyas por diferentes regiones españolas, en España, el liderazgo en la clasificación de árboles altos parece ser para el Abuelo de Chavín, un ejemplar de eucalipto común, declarado Monumento Natural, que vive en el municipio gallego de Viveiro y mide 68 metros, es decir, más o menos tiene la altura de un edificio de veinte plantas. Entre las especies autóctonas, el ganador es el Pino Dos Pernadas, un pino

Sellos postales estadounidense con sus arboles más representativos.

canario (*Pinus canarensis*) de la localidad tinerfeña de Vilaflor, que alcanza cincuenta y seis metros de altura.

Junto a Hyperion, otras dos secuoyas rojas, de nombre Helios e Icarus, completan el podio de los seres vivos más altos del mundo. Los tres titanes están ubicados en el Parque Nacional Redwood, en la costa norte de California. El Parque Nacional de Redwood y los parques estatales de la Costa Norte, Jedediah Smith y Prairie Creek protegen, en su conjunto, a más de un 45 % de todos los bosques antiguos de secuoya roja. Debido a la espectacular naturaleza salvaje de los bosques de secuoyas rojas y al inmenso tamaño de los árboles, el productor y guionista George Lucas eligió este escenario para rodar allí algunas secuencias emblemáticas de *El retorno del Jedi,* la tercera película estrenada de la saga Star Wars, que, a la postre, resultó ser el episodio VI. El largometraje utilizó los bosques de secuoyas para recrear la ficticia luna boscosa de Endor, el hogar de los Ewoks. Allí, el director Richard Marquand filmó varias escenas míticas de la historia del cine, como la protagonizada por Luke Skywalker y la princesa Leia, cuando pilotan a gran velocidad un par de deslizadores imperiales (*speeder bikes*), sorteando decenas de enormes árboles, mientras persiguen a varios soldados exploradores, para evitar que revelen la presencia de la Alianza Rebelde al Imperio Galáctico.

Sello postal emitido por el Royal Mail con dos *speeder bikes* pilotados por sendos *scout troopers* en un bosque de secuoyas.

General Sherman [Felix Lipov].

A tiro de piedra de Hyperion, en el Parque Nacional de las Secuoyas, del condado californiano de Tulare, habita otro mastodonte, el General Sherman, un ejemplar colosal de secuoya gigante (*Sequoiadendron giganteum*), que mide ochenta y cuatro metros y detenta un diámetro de once metros. El General Sherman tiene una edad estimada de entre 2200 y 2700 años, y es considerado, por los 1487 metros cúbicos de volumen que ostenta, el árbol vivo de un solo tallo más grande conocido. Aunque las secuoyas son muy longevas, el organismo no clonado con vida más antiguo del planeta es un pino longevo (*Pinus longaeva*), llamado Matusalén, que tiene una edad estimada de más de 4850 años. El organismo no perteneciente a una colonia clonal más antiguo conocido es Prometeo, también conocido como WPN-114, un ejemplar de *Pinus longaeva*, que estaba situado en una zona montañosa al este del estado de Nevada en EE. UU., y que tenía cerca de cinco mil años de edad cuando fue talado y derribado, el 6 de agosto de 1964, por un geógrafo llamado Donald R. Currey. Es probable que pronto Matusalén sea oficialmente derrocado. En el año 2012, en la misma área en la que vivía Prometeo, fue descubierto otro vejestorio antediluviano, un pino longevo que resultó tener 5065 años, por lo que hay una posibilidad elevada de que haya ejemplares de *Pinus longaeva* más antiguos que aún no han sido fechados. A pesar de la edad, el General Sherman está hecho un chaval, vigoroso y espléndido. En 1978 perdió una rama descomunal, de cuarenta y cinco metros de largo y dos de diámetro, que por sí sola habría sido uno de los árboles más altos al este del Mississippi.

Algunas arboledas de secuoyas fueron taladas a finales del siglo XIX y principios del XX, pero no con mucho rendimiento, porque los árboles, a menudo, se rompían al golpear el suelo debido al gran peso y a la fragilidad del tronco. La madera sobrante era usada para artículos de poca monta, como tejas y postes de cercas, o incluso para fósforos, y por lo tanto tenía poco valor monetario. Una vez establecido el Parque Nacional de las Secuoyas, el turismo trajo un mejor incentivo para preservar los árboles. Las secuoyas gigantes fueron protegidas por primera vez en 1864, y desde entonces se han mantenido como epicentro del movimiento conservacionista estadounidense.

En 1881, en el Parque Nacional Yosemite, se abrió un túnel a través de una secuoya gigante. La secuoya agujereada tenía casi ocho metros de diámetro en la base y recibió el apelativo de Árbol del túnel de Wawona. El túnel era tan ancho que permitía pasar a personas conduciendo carruajes y automóviles. En 1969, una fuerte nevada derribó a la secuoya y destruyó el túnel. Hace pocos años, el 8 de enero de 2017, una fuerte tormenta hizo añicos al Pioneer Cabin Tree, una famosísima secuoya túnel ubicada en el Calaveras Big Trees State Park de California. Hoy en día, en los EE. UU., todavía permanecen erguidos, y son muy visitados, varios árboles túnel de las especies *Sequoia sempervirens* y *Sequoiadendron giganteum*.

Para sobrevivir y progresar, las secuoyas gigantes requieren una gran cantidad de agua, que reciben principalmente de la densa niebla y del manto de nieve acumulado durante los meses de invierno, que penetra en el suelo de forma racionada. Debido a que necesitan un suelo bien drenado, caminar en torno a la base de una secuoya gigante es perjudicial, ya que compacta la superficie alrededor de las raíces poco profundas y evita que los árboles obtengan suficiente agua. Por eso, el turismo masivo y las peregrinaciones intensivas al territorio de las secuoyas son muy lesivas para estos árboles.

El agua almacenada en los tallos de los árboles, es decir, troncos y ramas, contribuye de manera importante a la transpiración y puede mejorar la ganancia de carbono fotosintético y reducir la probabilidad de cavitación. Sin embargo, en árboles altos, la capacidad de almacenar agua puede disminuir con la altura, debido a los potenciales hídricos crónicamente bajos asociados con el gradiente de potencial gravitacional. La restricción del transporte vertical de agua es considerada un factor importante que limita el crecimiento en altura y la talla máxima alcanzable de los árboles. Sin embargo, las secuoyas son una excepción maravillosa y consiguen almacenar agua a más de cien metros de altura. La clave puede estar en las hojas de las secuoyas, que pueden absorber la humedad de la niebla. La capacidad de almacenar agua (capacitancia hidráulica) y el contenido de agua saturada (suculencia de la hoja) del follaje de la secuoya roja aumentan con la altura y la disponibilidad de luz, manteniendo constante la tolerancia de las hojas al estrés hídrico (potencial hídrico de la hoja por pérdida de turgencia) en relación con la altura. Las hojas de las copas de los árboles de la especie *Sequoiadendron giganteum* absorben la humedad a través de la superficie foliar y tienen el potencial de almacenar más de cinco veces la demanda de transpiración diaria. Por lo tanto, el almacenamiento de agua foliar puede ser una adaptación importante que ayuda a mantener la función fisiológica de las hojas ubicadas en las copas de los árboles y el estado hidráulico de la zona superior, lo que permite que esta especie compense parcialmente las limitaciones hidráulicas y mantenga la turgencia tanto para la fotosíntesis como para el crecimiento en altura.

Algunos estudios apuntan a que los bosques antiguos de secuoyas almacenan al menos tres veces más carbono sobre el suelo que cualquier otro bosque de la Tierra, por lo que estos datos sugieren que las secuoyas pueden desempeñar un papel importante en la mitigación del cambio climático. Una secuoya, durante su vida, puede producir sesenta millones de semillas, pero solo tres o cuatro de esas semillas germinarán y crecerán hasta convertirse en árboles de cien años. Los hábitos culinarios de la ardilla de Douglas (*Tamiasciurus douglasii*) y los menesteres reproductivos del escarabajo de cuernos largos (*Phymatodes nitidus*) facilitan la dispersión de las semillas y la regeneración

Un grupo de visitantes posa junto al majestuoso General Sherman en 1902, la secuoya gigante del Mariposa Grove del Parque Nacional de Yosemite, en California. Este árbol, reconocido como el organismo individual más grande del mundo por volumen, ha atraído a turistas y naturalistas durante más de un siglo. Esta imagen ilustra un período en el que el turismo en áreas naturales estaba en auge y las primeras iniciativas de preservación se estaban estableciendo. Además, refleja el creciente interés en la educación ambiental y el respeto hacia los espacios naturales, valores que siguen siendo fundamentales en la conservación contemporánea. Un momento histórico en la evolución del aprecio y la protección de estos ecosistemas únicos [Library of Congress].

del bosque de secuoyas. Por otra parte, la corteza de las secuoyas es un factor clave en la carrera por la supervivencia centenaria de estos gigantes, porque es gruesa y rica en taninos, dos características fundamentales para proteger a los árboles del fuego y del ataque de insectos dañinos.

Los incendios forestales queman millones de hectáreas boscosas anualmente, lo que influye en el almacenamiento del carbono regional y mundial, el hábitat de la vida silvestre, la hidrología, la diversidad de especies y la estructura forestal, pero también en la sociedad y en la economía humanas. Sin embargo, el fuego es un elemento importante en el bosque de secuoyas gigantes. Para poder prosperar, las plántulas de secuoya requieren de un suelo rico en nutrientes, mucha luz solar y un área libre de competencia de otras plantas. Los incendios forestales periódicos ayudan a producir todas estas condiciones y, por lo tanto, son muy beneficiosos para la reproducción de las secuoyas. Paradójicamente, las recientes y bienvenidas políticas de extinción de incendios han reducido la probabilidad de regeneración de las secuoyas gigantes, porque han facilitado el crecimiento de maleza densa y arbustiva. Los esfuerzos de restauración de los bosques de secuoyas dependen de la especie y de la ubicación, pero algunas técnicas comunes incluyen las quemas prescritas, la limpieza del sotobosque, el aclareo, la tala de árboles pequeños para que los ejemplares grandes tengan más espacio para crecer y la eliminación de plantas invasoras.

Desde luego, las secuoyas son unos superorganismos apabullantes, excepcionalmente resilientes, longevos y tan altos que, a poco que crezcan un poquito más, la noche menos pensada, pinchan la Luna.

📖 Para leer más:

- Breidenbach, Natalie. 2020. «Genetic structure of coast redwood (*Sequoia sempervirens* [D. Don] Endl.) populations in and outside of the natural distribution range based on nuclear and chloroplast microsatellite markers». *PLoS One* 15 (12): e0243556.
- Cannon, Charles. 2022. «Old and ancient trees are life history lottery winners and vital evolutionary resources for long-term adaptive capacity». *Nature Plants* 8: 136-145.
- Cansler, Alina. 2020. «The Fire and Tree Mortality Database, for empirical modeling of individual tree mortality after fire». *Scientific Data* 7: 194.
- Chin, Alana. 2022. «Shoot dimorphism enables *Sequoia sempervirens* to separate requirements for foliar water uptake and photosynthesis». *American Journal of Botany* 109 (4): 564-579.
- De la Torre, Amanda. 2022. «Genome-wide association identifies candidate genes for drought tolerance in coast redwood and giant sequoia». *The Plant Journal* 109 (1): 7-22.
- Fu, Fangfang. 2023. «The *Metasequoia* genome and evolutionary relationships among redwoods». *Plant Communications* 100643.
- Scott, Alison. 2016. «Whole genome duplication in coast redwood (*Sequoia sempervirens*) and its implications for explaining the rarity of polyploidy in conifers». *New Phytologist* 211 (1): 186-193.
- Salladay, Ryan. 2023. «Using heat plumes to simulate post-fire effects on cambial viability and hydraulic performance in *Sequoia sempervirens* stems». *Tree Physiology* 43 (5): 769-780.
- Williams, Cameron. 2021. «The dynamics of stem water storage in the tops of Earth's largest trees-*Sequoiadendron giganteum*». *Tree Physiology* 41 (12): 2262-2278.

¡CHAS! Y APAREZCO A TU LADO

El desconocido llegó un día huracanado de primeros de febrero, abriéndose paso a través de un viento cortante y de una densa nevada, la última del año. El desconocido llegó a pie desde la estación del ferrocarril de Bramblehurst. Llevaba en la mano bien enguantada una pequeña maleta negra. Iba envuelto de los pies a la cabeza, el ala de su sombrero de fieltro le tapaba todo el rostro y solo dejaba al descubierto la punta de su nariz. La nieve se había ido acumulando sobre sus hombros y sobre la pechera de su atuendo y había formado una capa blanca en la parte superior de su carga. Más muerto que vivo, entró tambaleándose en la fonda Coach and Horses y, después de soltar su maleta, gritó: «¡Un fuego, por caridad! ¡Una habitación con un fuego!». Dio unos golpes en el suelo y se sacudió la nieve junto a la barra. Después siguió a la señora Hall hasta el salón para concertar el precio. Sin más presentaciones, una rápida conformidad y un par de soberanos sobre la mesa, se alojó en la posada.

La señora Hall encendió el fuego, le dejó solo y se fue a prepararle algo de comer. Que un cliente se quedara en invierno en Iping era mucha suerte y aún más si no era de esos que regatean. Estaba dispuesta a no desaprovechar su buena fortuna. Tan pronto como el bacon estuvo casi preparado y cuando había convencido a Millie, la criada, con unas cuantas expresiones escogidas con destreza, llevó el mantel, los platos y los vasos al salón

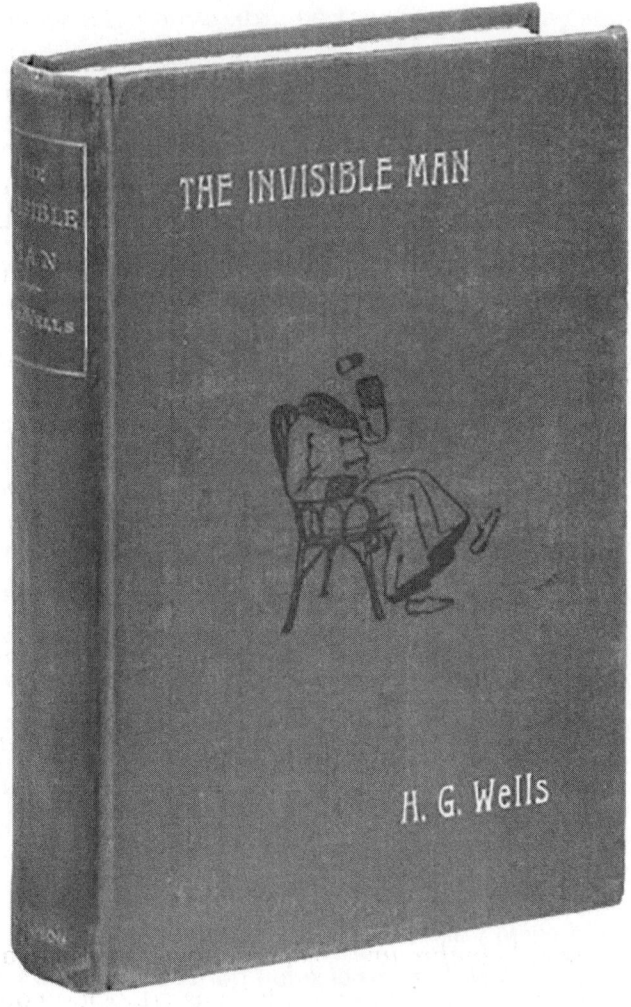

El hombre invisible (*The Invisible Man*) es una novela de ciencia ficción escrita por el británico H. G. Wells y publicada por primera vez en 1897. Fue una de las primeras en explorar en profundidad el concepto de invisibilidad desde una perspectiva científica y filosófica, mucho antes de que la tecnología moderna hiciera avances en camuflaje y óptica. Wells introdujo el concepto innovador de un hombre que se vuelve invisible debido a un experimento fallido, y usó esta premisa para abordar temas profundos sobre la naturaleza humana, el poder y el aislamiento social. La novela fue tan influyente que inspiró numerosas adaptaciones en cine, televisión y teatro, consolidando el concepto de invisibilidad como un potente tropo en la literatura de ciencia ficción [Pearson].

y se dispuso a poner la mesa con gran esmero. La señora Hall se sorprendió al ver que el visitante todavía seguía con el abrigo y el sombrero a pesar de que el fuego ardía con fuerza. El huésped estaba de pie, de espaldas a ella, y miraba fijamente cómo caía la nieve en el patio. Con las manos, enguantadas todavía, cogidas en la espalda, parecía estar sumido en sus propios pensamientos.

La señora Hall se dio cuenta de que la nieve derretida estaba goteando en la alfombra y le dijo:

—¿Me permite su sombrero y su abrigo para que se sequen en la cocina, señor?

—No contestó este sin volverse.

No estando segura de haberle oído, la señora Hall iba a repetirle la pregunta. Él se volvió y, mirando a la señora Hall de reojo, dijo con énfasis:

—Prefiero tenerlos puestos.

La señora Hall se dio cuenta de que llevaba puestas unas grandes gafas azules y de que por encima del cuello del abrigo le salían unas amplias patillas, que le ocultaban el rostro completamente.

— Como quiera el señor —contestó ella—. La habitación se calentará enseguida.

Así comienza *El hombre invisible*, una novela publicada en 1897 y escrita por Herbert George Wells, más conocido como H. G. Wells. H. G. Wells, que tenía una voz aguda y atiplada, y desprendía olor a miel, fue un prolífico pensador, educador, escritor y novelista británico, que es considerado, junto a Hugo Gernsback y a Julio Verne, uno de los padres creadores del moderno género literario de la ciencia ficción.

La ciencia ficción es un factor común en una amplia gama de relatos y de culturas diferentes a lo largo de la historia de la humanidad, pero la revolución científica y los principales descubrimientos en astronomía, física, química, biología y matemáticas, acontecidos en el siglo XIX, proporcionaron las premisas y el escenario adecuados para que surgiera la ciencia ficción moderna, que facilitó novedosas y fabulosas obras escritas argumentadas en base a este género.

Wells nació en 1866, en plena época victoriana, escoltado por un florecimiento inusual de las ciencias y de la tecnología. Por citar algunos ejemplos, en el mismo año de su nacimiento fueron publicadas las leyes de la herencia de Gregor Mendel e instalado el primer cable transatlántico que unió Nueva York con Londres.

Hasta finales del siglo, cada año surgieron sucesos científicos muy relevantes, como el descubrimiento de los ácidos nucleicos, de los rayos X, de la radiactividad, de los canales de Marte y de numerosos asteroides, que marcaron a la sociedad de la época y al propio Wells. A medida que avanzaba el siglo XIX, los progresos en la ciencia cambiaban la forma en que los seres humanos razonaban sobre cuál era su posición en el cosmos, lo que tuvo profundas implicaciones para el desarrollo de la renovada ciencia ficción.

Desde luego, el escritor era permeable a todo el desarrollo cultural y científico que ocurría a su alrededor y, aunque tuvo una infancia colmada de carestías, desde muy joven entró en contacto con las obras de diferentes escritores. Esto fue debido a un accidente que le provocó una fractura en la pierna, y que obligó al mozalbete de ocho años a estar postrado varias semanas en la cama, y a combatir el aburrimiento leyendo libros, trajinados por su padre desde la biblioteca local.

Inmerso en los textos, el niño descubrió nuevos mundos y el deseo de escribir. Superada la adolescencia, Wells, que amaba la literatura y la ciencia a partes iguales, consiguió una beca para ingresar en la Normal School of Science de Londres. Allí estudió biología con Thomas Henry Huxley, biólogo y antropólogo inglés, especializado en anatomía comparada y ferviente defensor de la teoría de la evolución de Charles Darwin.

Esta etapa afianzó los conocimientos científicos de Wells y permitió que expresara, en la revista *The Science School Journal*, diversos puntos de vista sobre la literatura y la sociedad. Aquella revista dispuso las bases sobre las que construir los famosos relatos de ciencia ficción que escribió el autor. El talento de Wells era encomiable y redactó prolíficamente sobre ciencia, educación, historia y política. Produjo más de ciento cincuenta libros y folletos, y numerosos artículos y cartas publicados en la prensa.

A principios de 1888, mientras gestionaba como podía el crudo invierno e intentaba sortear las profundidades de una incipiente depresión, Wells suspendió los exámenes universitarios de segundo año y perdió la beca que disfrutaba. El futuro pintaba azul oscuro casi negro, pero comenzó a ganar algo de dinero enseñando ciencias en una escuela provincial.

Por desgracia, en aquella época, sufrió un colapsó de salud que fue diagnosticado como tuberculosis. La enfermedad auguraba la posibilidad de una invalidez prolongada, en el mejor de los casos, o de una muerte temprana, en el peor. Con poco que perder, Wells decidió viajar a Londres, con tan solo cinco libras donadas por vía materna. Alquiló una habitación en Theobalds Road, y luchó por encontrar trabajo. Pasaron los días y la situación, estancada en la miseria, no varió. Los pocos chelines que atesoraba comenzaron a estar en peligro de extinción. Justo cuando iba a dilapidar el último ejemplar que rodaba por el bolsillo, la rueda de la fortuna hizo una pirueta, y Wells empezó a trabajar a destajo en los periódicos, escribiendo párrafos para distintas compañías.

Además, también encontró un empleó como docente en Kilburn. En pocos meses Wells se convirtió en un notorio profesor de ciencias en Londres, pero, de nuevo, problemas de salud, vestidos de hemorragia pulmonar y de larga gripe insidiosa, trastocaron sus prometedores planes. Estaba claro que Wells no podría sobrevivir a los rigores físicos de ser profesor.

H.G. Wells, fotografiado por Yousuf Karsh. La obra de Wells abarca una vasta gama de temas y géneros, consolidándolo como uno de los pioneros más influyentes de la ciencia ficción. Publicadas en el siglo XIX y principios del XX, sus novelas como *La máquina del tiempo* (1895), *La guerra de los mundos* (1898) y *El hombre invisible* (1897) exploraron innovadores conceptos científicos y tecnológicos, y ofrecieron una crítica aguda de las condiciones sociales y políticas de su tiempo. Conocido por su habilidad para combinar la imaginación especulativa con un profundo análisis social, abordó cuestiones de evolución, imperialismo y los posibles impactos de la tecnología en la humanidad. Su enfoque visionario definió el género de la ciencia ficción e impulsó el pensamiento futurista, influyendo en generaciones de escritores y científicos [Encyclopædia Britannica].

Convaleciente, pulió un ensayo impregnado de ciencia que, sorprendentemente, fue publicado por *The Fortnightly Review*, una de las revistas más importantes e influyentes en la Inglaterra del siglo XIX. El texto incluyó una especie de manifiesto que puede ser interpretado como un aviso de la ficción que, poco después, destilaría la pluma de Wells.

El escritor alcanzó fama internacional con sus novelas fantásticas, pero también fue partidario de la novela de contenido y crítica social. Estaba convencido de que era necesario instaurar un sistema social más justo, lo que motivó que participara en la Sociedad Fabiana de Londres, un grupo de personas cuyo objetivo era instaurar el socialismo pacíficamente, inoculando sus ideas en las universidades y en el gobierno.

Durante su trayectoria, Wells participó en el debate político cotidiano de Gran Bretaña interviniendo en una amplia gama de temas, incluida la política educativa, la reforma social, el gobierno imperial, la estrategia militar, las relaciones de género, las carencias de las instituciones democráticas existentes y el capitalismo. Dadas sus intervenciones, fue vinculado al socialismo y encontró una audiencia especialmente receptiva entre los pensadores progresistas de los EE. UU. Sin embargo, en mayo de 1910, Wells contribuyó con una carta al primer número del diario oficial de la Liga Nacional de Jóvenes Liberales donde escribió que era conocido como socialista, pero que nunca había dejado de ser liberal, que no era exactamente lo mismo que ser un miembro del Partido Liberal, y que el liberalismo representaba al socialismo como el alma al cuerpo.

El talento de Wells era encomiable y el brillo, desprendido como comunicador de la ciencia, despuntó con fuerza. Desde el principio atrajo la amistad de numerosos científicos, entre los que destacó sir Richard Gregory, profesor de astronomía en el Queen's College de Londres y presidente del Comité de Enseñanza de las Ciencias en las Escuelas Secundarias. Gregory fue editor de la revista *Nature* entre 1919 y 1939, y tiene la atribución de haber ayudado a establecer la publicación en la comunidad científica internacional. Mira por donde, Wells publicó, durante cincuenta años, veinticinco artículos en la revista *Nature*, con escritos como el publicado en 1894, que tituló «Popularizando la ciencia». Con estos artículos intentaba inspirar y provocar a decenas de pensadores contemporáneos, para que contribuyeran con una marea de correspondencia, reseñas de libros, avisos y otros comentarios.

Entre tanto, para quien lo quisiera percibir, cada poco brotaban avisos agoreros de que un gran conflicto bélico estaba en gestación. Y resultó que llegó la Primera Guerra Mundial, una catástrofe sin precedentes que dio forma a nuestro mundo moderno y que marcó a Wells. El 14 de agosto de 1914, publicó, en *The Daily News*, un artículo titulado «La guerra que acabará con la guerra», y en el que opinaba que el conflicto no era una guerra de naciones, sino de la humanidad, nacido para exorcizar una locura mundial, poner fin a una era y alcanzar la paz.

Wells esperaba que el final de la Gran Guerra trajera consigo el desarme y la creación de un estado supranacional. Desafortunadamente, la lección que trajo la contienda duró poco y, comprendiendo que el conflicto humano no terminaría con la guerra, las perspectivas futuras abatieron, de golpe certero, al escritor.

Antes de que aconteciera la primera gran guerra, a finales del siglo XIX, Wells ya publicaba a un ritmo vertiginoso, casi siempre textos científicos, pero en poco tiempo los temas se ramificaron con rapidez y en 1895 llegó *La máquina del tiempo*, una novela inspirada en la teoría darwiniana que Wells había adquirido a través de Huxley. En la obra, un científico construye un artefacto que le permite viajar físicamente a través del tiempo, y con el que consigue trasladarse hasta el año 802701. Allí descubre que la humanidad ha evolucionado en dos razas separadas: los hermosos, pero insensatos Eloi, que viven vidas hedonistas por encima de suelo, y los salvajes y feos Morlocks, que viven bajo tierra y que salen por la noche para devorar a los Eloi. Los Morlocks inspiraron al renombrado guionista Chris Claremont y al fabuloso dibujante Paul Smith para crear al grupo de personajes mutantes, de mismo nombre, que aparecen en los cómics estadounidenses publicados por Marvel Comics, y que viven como habitantes de las alcantarillas, los túneles desiertos y las líneas de metro abandonadas que existen debajo de la ciudad de New York.

En *La máquina del tiempo*, el viajero logra avanzar más en la línea temporal y alcanza un futuro en el que monstruos con forma de cangrejo corretean por una playa terminal bajo un sol moribundo. Esta primera novela de Wells fue un éxito inmediato de crítica y público, dio fama y dinero al escritor, y cambió la historia de la ciencia ficción. Alentado por el feliz resultado, en apenas cuatro años, Wells escribió otros títulos revolucionarios.

En 1896, cuando la comunidad científica del Reino Unido estaba sumida en los debates sobre la vivisección de los animales, Wells publicó *La isla del doctor Moreau*. En la novela un caballero de clase alta, llamado Edward Prendick, naufraga en una isla tropical perdida, y conoce a un científico de nombre Moreau, que trata de transformar quirúrgicamente animales en seres humanos. Los híbridos animal-humano de la novela son precursores aproximados de las quimeras embrionarias de hoy en día, y presagiaron la era de la ingeniería genética. Al año siguiente Wells publicó la novela *El hombre invisible*.

Poco después, en 1898, publicó *La guerra de los mundos*, que describe una invasión marciana a la Tierra. Cuarenta años después de su publicación, en la noche de Halloween de 1938, la transmisión radiofónica de la novela, en el Teatro Mercury, por parte de Orson Welles, provocó el pánico generalizado en la ciudad de New York. Los marcianos de esta obra atacaban con lo que Wells llamó «rayo de calor», una súper arma capaz de incinerar a humanos indefensos con apenas un destello de luz silencioso.

Seis décadas más tarde, el 16 de mayo de 1960, Theodore Maiman disparó el primer láser operativo en el Laboratorio de Investigación Hughes de California. La descripción que Wells hizo del «rayo de calor» tiene mucha afinidad con los láseres actuales, pero también con armas de energía dirigida, como las que utilizan microondas, radiación electromagnética y ondas de radio o de sonido. Además, la novela inspiró al físico Robert Goddard, inventor del cohete de combustible líquido, a dedicar su vida a los viajes espaciales y su investigación condujo al desarrollo del programa Apolo de la NASA. Al final del relato, los seres humanos encuentran un aliado inesperado en los microorganismos terrestres, que, al entrar en contacto con los alienígenas, acaban con ellos, ya que los marcianos no tenían un sistema inmunológico preparado para defenderse de potenciales nuevos patógenos como los de la Tierra.

Tarjeta postal y sello de 33 centavos, emitido el 17 de septiembre de 1999 como parte de la serie *Celebrate the Century – 1960s*. Conmemora la creación del primer láser por Theodore Maiman en 1960 y el trabajo de Charles Townes y Arthur Schawlow, quienes ganaron el Premio Nobel en 1964, marcaron el inicio de una era de innovaciones tecnológicas y científicas cruciales. Impreso en Green Bay, WI, por Ashton-Potter (USA) Ltd.

El desenlace narrativo liga sin disimulo con el auge que experimentó la bacteriología a finales del siglo XIX, y con las leyes de la selección natural de las que Wells era ferviente defensor.

En realidad, Wells tomaba un elemento de la comprensión científica de la época y lo modificaba, sin preocuparse de resolver los detalles técnicos. Consecuencia de ello, las obras de Wells, majestuosas y disruptivas, predijeron, entre otros elementos, la comunicación inalámbrica, la red informática mundial, la televisión, los vuelos espaciales, el audiolibro, la bomba atómica, la ingeniería genética y la proliferación nuclear.

En la novela *El hombre invisible*, Wells presenta a un científico llamado Griffin, dedicado a la investigación en el campo de la óptica, que inventa una forma de cambiar el índice de refracción de su cuerpo por el del aire, logrando que no absorbiera ni reflejara la luz y consiguiendo la capacidad de volverse invisible. En el año 2014, científicos de la Universidad de Rochester diseñaron un artilugio formado por cuatro lentes que era capaz de desviar la luz y crear un punto ciego, de manera que hacía invisible cualquier objeto observado a través de él.

El «superpoder» de la invisibilidad es una realidad y, también, una necesidad para muchos animales. Por ejemplo, en las aguas iluminadas por el sol del océano abierto, no existe escondite posible. Los animales deben ocultarse a simple vista, utilizando las pocas opciones disponibles. Los peces plateados, con escamas similares a espejos, desaparecen en el fondo, al reflejar la luz solar dirigida hacia abajo, para igualar con precisión la luz detrás de ellos, y de esta forma quedar ocultos a los depredadores visuales. Sin embargo, los lados plateados no pueden esconder a ningún organismo visto desde abajo, por lo que muchos animales marinos borran sus siluetas usando bioluminiscencia ventral, un fenómeno llamado contrailuminación, que es particularmente común en los peces estomiiformes y mictófimos, dos de los órdenes más abundantes de peces mesopelágicos.

Los principales desafíos para realizar una contrailuminación efectiva son igualar la intensidad, el espectro y la distribución angular de la luz descendente. Es sabido que los fotóforos ventrales de los peces mesopelágicos emiten luz con un espectro muy parecido al espectro de la luz descendente. Además, al menos dos especies de peces estomiiformes, *Chauliodus sloani* y *Argyropelecus affinis*, tienen fotóforos que usan reflectores de gua-

Chauliodus sloani es una fascinante especie de pez abisal. Tiene una bioluminiscencia distintiva que utiliza para atraer a sus presas en la penumbra de las profundidades marinas. Sus grandes y afilados dientes, que sobresalen de su mandíbula cuando la boca está cerrada, y su cuerpo alargado y anguloso, le ayudan a capturar presas en su entorno hostil [Norman Cook].

Argyropelecus affinis es también un pez abisal que habita el océano Atlántico y el Pacífico. Destaca por su cuerpo plateado y sus órganos bioluminiscentes que utiliza para atraer presas en la oscuridad [B. Bohdan].

nina para igualar la distribución angular de la luz descendente. Los fotóforos de los peces estomiiformes y mictófimos están bajo control neural, y ciertos peces mesopelágicos, como por ejemplo *Dasyscopelus obtusirostris* y *Dasyscopelus spinosus*, ajustan su emisión de luz ventral en respuesta a los cambios en la intensidad de la luz descendente, en un rango de hasta 15 000 veces.

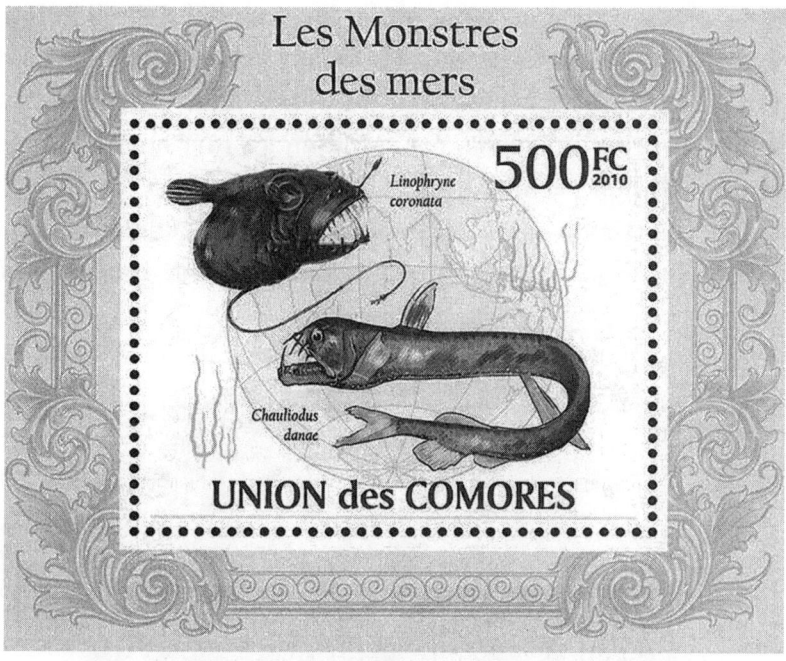

La bioluminiscencia en los peces abisales es una adaptación fascinante que les permite sobrevivir en las oscuras profundidades del océano. Algunos, como los mencionados *Argyropelecus affinis* y el *Chauliodus sloani*, poseen órganos especializados que producen luz a través de reacciones químicas internas. Esta luz se utiliza para atraer presas, comunicarse con otros miembros de su especie e incluso camuflarse de los depredadores. El estudio de la bioluminiscencia en peces abisales se vio notablemente impulsado por la expedición del HMS Challenger en 1872-1876, la primera investigación científica a gran escala del fondo marino, que proporcionó valiosa información sobre la vida en las profundidades oceánicas y llevó al descubrimiento de muchas especies bioluminiscentes. Este fenómeno no solo ha capturado la imaginación de los científicos, sino que también ha inspirado numerosos avances en tecnología, como el desarrollo de técnicas de imagen médica y nuevas estrategias para el control de plagas [Meditative Philately].

Muchos animales evolucionan y utilizan el camuflaje para ser invisibles a sus depredadores. Wallace pudo comprobar esta circunstancia durante su famoso viaje por el archipiélago malayo, en el que quedó asombrado por el camuflaje de la mariposa imitadora de hojas de la India, *Kallima inachus*. Señaló que parte del parecido con las hojas muertas era debido al comportamiento del insecto, que habitualmente descansaba sobre hojas muertas y ramitas, pero no sobre vegetación verde fresca. Las apreciaciones de Wallace no eran pioneras en las lides del disfraz animal, porque desde la antigüedad, los cefalópodos coloideos, como calamares, pulpos y sepias, han fascinado a los científicos y al público en general, debido a que presentan una notable capacidad de camuflaje y un comportamiento complejo. La clave de este notable talento es un grupo de células especializadas llamadas iridocitos, que contienen plaquetas alineadas rodeadas por

Una hoja seca [Attapol Yiemsiriwut].

membranas de reflectinas, una familia de proteínas, presentes en algunos moluscos, que reflejan la luz, produciendo coloración iridiscente y dinámica. Estas reflectinas tienen composiciones de aminoácidos y propiedades secuenciales inusuales, lo que las dota de características funcionales únicas, como un índice de reflexión extremadamente alto entre las proteínas naturales y la capacidad de responder a diversos estímulos ambientales.

En junio de 2020, un equipo de científicos de la Universidad de California publicó un trabajo en el que introdujeron el gen de la reflectina A1 (RfA1) en células de riñón humanas. La expresión de la proteína reflectina A1 permite a las hembras del calamar opalescente (*Doryteuthis opalescens*) cambiar el color de la línea vertical que recorre el manto de blanco a casi transparente, lo que optimiza el camuflaje del animal. La manipulación dirigida que realizaron los investigadores californianos

Kallima inachus [Lukas Kozlik].

Greta oto [Albert Beukhof].

no afectó a la supervivencia de las células humanas y facilitó la formación de agregados de la proteína RfA1 en el interior, permitiendo como resultado que las células exhibieran capacidades ajustables de cambio de transparencia y dispersión de luz.

En la naturaleza, el mecanismo de camuflaje elegido por muchos organismos, como en el caso de las hembras del calamar opalescente, es la transparencia. El mundo natural está lleno de ejemplos de animales diáfanos, invisibles a golpe de ojo, como la mariposa de alas de cristal, el camarón de hierba, las salpas, el pez duende, la medusa peine, la rana de cristal, los dracos o peces de hielo y los cefalópodos mesopelágicos, que han desarrollado estructuras transparentes, tejidos o, incluso, cuerpos enteros con fines de ocultación. En el caso de la mariposa de alas de cristal (*Greta oto*), al contrario que la mayoría de las mariposas, las alas contienen escamas delgadas orientadas verticalmente, junto con nanopilares que recubren la superficie. Estos nanopilares, dispuestos irregularmente, presentan una distribución de altura aleatoria y permiten propiedades antirreflectantes omnidireccionales que originan la transparencia alar. En otros animales, como las ranas de cristal, los tejidos transmiten más del 90 % de la luz visible mientras mantienen la funcionalidad, por ejemplo, durante la locomoción o la vocalización. Por ello, esta transparencia es adaptativa, porque camufla a las ranitas cristalinas de los depredadores durante el día, mientras duermen sobre la vegetación.

La transparencia puede parecer la solución perfecta, pero incluso esta competencia tiene sus limitaciones. Para que un animal pueda ver, la retina debe contener pigmentos que absorban la luz y estos crean una mancha oscura visible dentro del entorno transparente. Un problema potencialmente mayor es que los animales acuáticos transparentes, que tienen cutículas duras o incluso pieles flexibles, están rodeados por una superficie cuyo índice de refracción supera el del agua circundante y, por lo tanto, refleja y dispersa la luz del sol o de los reflectores bioluminiscentes utilizados por algunos depredadores. Varias investigaciones recientes apuntan a que los anfípodos hiperídeos, un grupo de crustáceos pelágicos depredadores que habitan los océanos del mundo, usan recubrimientos antirreflectantes para minimizar los reflejos fortuitos, agregando una segunda capa de protección a la ya existente. Algunas especies incluso pueden reclutar bacterias para formar una biopelícula como componente esencial de esta túnica mágica.

Varios trabajos de investigación han utilizado diferentes combinaciones de mutantes naturales, en genes de pigmentación, para generar peces cebra adultos transparentes. La línea Casper, del pez cebra, es transparente, y recibe este nombre inspirado en el famoso fantasma infantil animado. La línea Casper carece de melanocitos e iridóforos, debido a mutaciones en mitfa y mpv17, respectivamente. Una mutación adicional en el gen slc45a2 está presente en el pez cebra cristal, que carece por completo de melanina y, por lo tanto, exhibe una transparencia alucinante. El pez cebra transparente ha sido utilizado para estudiar diferentes aspectos del cáncer y de la biología de las células madre, entre otras cuestiones. En fechas recientes, en otro pez modelo, el medaka (*Oryzias latipes*), han sido generados animales juveniles y adultos transparentes, mediante tecnología CRISPR/Cas9, a través de la inactivación de los genes oca2 y pnp4a.

Desde luego, los hallazgos recientes descubiertos en algunos superorganismos transparentes pueden conducir al desarrollo de herramientas biofotónicas únicas con aplicación en ciencia de materiales y bioingeniería, y a que, quizás, el mito del hombre invisible de H. G. Wells pronto sea una inquietante realidad, porque, el día menos pensado, habrá materiales que dejen en ridículo a la capa de invisibilidad de Harry Potter, y que permitan, de repente, hacer ¡chas! y aparecer a tu lado.

📖 Para leer más:

- Bagge, Laura. 2019. «Not As Clear As It May Appear: Challenges Associated with Transparent Camouflage in the Ocean». *Integrative and Comparative Biology* 59 (6): 1653-1663.
- Chatterjee, Atrouli. 2020. «Cephalopod-inspired optical engineering of human cells». *Nature Communications* 11: 2708.
- Cronin, Thomas. 2016. «Camouflage: Being Invisible in the Open Ocean». *Current Biology* 26 (22): R1179-R1181.
- Davis, Alexander. 2020. «Evidence that eye-facing photophores serve as a reference for counterillumination in an order of deep-sea fishes». *Proceedings of the Royal Society B: Biological Sciences* 287 (1928): 20192918.
- Finet, Cédric. 2023. «Multi-scale dissection of wing transparency in the clearwing butterfly *Phanus vitreus*». *Journal of The Royal Society Interface* 20 (202): 20230135.
- Krug, Johannes. 2023. «Generation of a transparent killifish line through multiplex CRISPR/Cas9mediated gene inactivation». *eLife* 12: e81549.
- Pomerantz, Aaron. 2021. «Developmental, cellular and biochemical basis of transparency in clearwing butterflies». *Journal of Experimental Biology* 224 (10): jeb237917.
- Taboada, Carlos. 2022. «Glassfrogs conceal blood in their liver to maintain transparency». *Science* 378 (6626): 1315-1320.

La tormenta en el mar de Galilea (1633) es una de las obras más desconocidas de Rembrandt. Captura una escena dramática del Evangelio según San Marcos, en la que Cristo calma una violenta tormenta mientras sus discípulos, asustados, buscan su ayuda. La obra es un ejemplo magistral del uso del claroscuro, una técnica por la que Rembrandt es ampliamente reconocido: la luz celestial que emana de Cristo contrasta con la oscuridad de la tormenta, subrayando su papel como salvador y dotando a la escena de una poderosa carga emocional. La obra capta el miedo y la desesperación de los discípulos, al tiempo que celebra la calma y la autoridad divina de Cristo [Museo Isabella Stewart Gardner].

LADRONES INESPERADOS

De principio a fin, el robo de arte más grande de la historia moderna duró solo ochenta y un minutos. El 18 de marzo de 1990, después de la medianoche, dos ladrones disfrazados de policías engañaron a un par de jóvenes guardias del turno nocturno, Rick Abath, de veintitrés años, y Randy Hestand, de veinticinco, para entrar al Museo Isabella Stewart Gardner de Boston. «Señores, esto es un robo», anunciaron los delincuentes, una vez dentro del edificio. Acto seguido, se pusieron manos a la obra. La pareja de maleantes desactivó las cámaras de seguridad y maniató, con cinta adhesiva, a los imberbes seguratas. En un pispás escaparon con trece obras de arte, valoradas hoy en unos quinientos millones de dólares. Los malhechores trincaron *El concierto*, de Vermeer; *Caballero en el café Tortoni*, de Manet; un paisaje de Govert Flinck; cinco dibujos de Degas; una antigua vasija de bronce china; un remate de estandarte napoleónico en forma de águila; y tres obras de Rembrandt, incluyendo *La tormenta en el mar de Galilea*, la única pintura marina del maestro barroco neerlandés. El siguiente grupo de guardias, que llegó al museo sobre las ocho y cuarto de la mañana, descubrió el saqueo y avisó a la policía. El botín, que fue de aúpa, sigue en paradero desconocido. Extrañamente, los perpetradores no cogieron *El rapto de Europa*, de Tiziano, que estaba colgada en una galería del tercer piso y era la obra más importante del museo. ¿Fue un

Ptilonorhynchus violaceus posee un marcado dimorfismo sexual,
arriba un macho con un tapón de plástico (color azul) junto a su nido;
debajo, un ejemplar hembra de la especie [Ken Griffiths].

robo por encargo? ¿Estuvo implicada la mafia? ¿Quién asesinó a los potenciales sospechosos? Muchas preguntas continúan sin respuesta, y hoy los marcos vacíos cuelgan en las paredes del museo como un recordatorio de la pérdida.

Algunos ladrones de arte, como Kempton Bunton, Vicenzo Pipino o Stéphane Breitwieser son personajes peculiares. Bunton era un conductor de autobuses jubilado, Pipino un criminal caballeroso que procuraba molestar poco a las víctimas y Breitwieser un camarero amante del arte. Entre 1995 y 2001, Breitwieser robó 239 obras artísticas, valoradas en más de mil millones de euros, de 170 museos que visitó viajando por toda Europa, pero nunca intentó vender ningún artículo con ánimo de lucro. Los almacenaba en la casa materna, porque prefería disfrutar de ellos en la intimidad.

En el mundo animal también existen mangantes portentosos e inesperados. Los comportamientos de recolección y robo ocurren en la naturaleza por una diversa variedad de razones, que van desde seducir a una pareja hasta una intensa autodefensa. Así, las larvas de crisopa recolectan restos vegetales y cadáveres de otros insectos, que empalan en unas protuberancias espinosas, para parecer menos atractivas a los depredadores. El pergolero satinado (*Ptilonorhynchus violaceus*) guinda todo tipo de cosas de color azul y crea un escenario azulado para atraer a las hembras. Sin embargo, en el reino de lo insospechado, a cuatro manzanas del milagro, y a años luz de mundanas habilidades cleptómanas, algunos seres vivos exhiben cleptoplastia, que es la capacidad de un organismo no fotosintético para adquirir y mantener cloroplastos funcionales.

La cleptoplastia ocurre en varios linajes filogenéticos diferentes, como dinoflagelados, ciliados, foraminíferos y metazoos, pero los casos más estudiados y fascinantes son los que involucran animales, todos ellos moluscos gasterópodos sacoglosos marinos, la mayoría dentro del género *Elysia*.

El género *Elysia* contiene a un puñado de babosas de mar singulares, que consumen algas y secuestran sus cloroplastos, que mantienen dentro de las células epiteliales de los túbulos digestivos. Después de la ingestión, estos cloroplastos son reconocidos a través de receptores de reconocimiento de patrones (PRR) e inducen modificaciones en el paisaje transcripcional del huésped, aumentando la expresión de genes específicos, como genes de extinción de especies reactivas de oxígeno (ROS), y motivando el inicio de una regulación especial.

Algunos de estos animales logran que los cloroplastos permanezcan íntegros y fotosintéticamente activos durante varias semanas o meses, e incluso mientras la babosa continúa con vida. Varias babosas son monófagas y roban los cloroplastos de una especie de alga específica. Por ejemplo, *Elysia chlorotica* y *Elysia timida* son las babosas de mar que presentan tiempos de retención más largos para los cloroplastos funcionales, e ingieren y retienen orgánulos solo de las algas *Vaucheria litorea* y *Acetabularia acetabulum*, respectivamente.

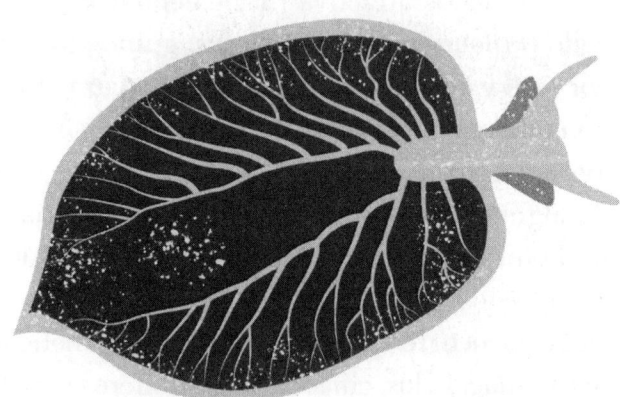

Ilustración esquemática de *Elysia chlorotica* [Julia Faranchuk].

Otros sacoglosos como *Elysia viridis*, *Elysia crispata* y *Plakobranchus ocellatus* son menos quisquillosos con la comida y obtienen los cloroplastos de diversas algas, aunque la mayoría son algas verdes sifonosas. La adquisición de los cloroplastos infiere una coloración verde brillante a las babosas de mar, que, junto a la forma de hoja, permite, en un entorno dominado por macroalgas, que estos animales pasen desapercibidos para los depredadores. Además de facilitar un disfraz excelente, en varios casos, como el de *Elysia chlorotica*, la incorporación prolongada de cloroplastos dentro de las células del animal faculta a que la babosa capture energía directamente de la luz, a través del proceso de fotosíntesis. De esta forma, los cloroplastos actúan como fuente de nutrientes en los períodos de escasez y el animal puede permanecer vivo un tiempo prolongado, aunque no ingiera alimento. La hazaña es pasmosa, y casi que invita a describir al organismo, y a esta relación endosimbiótica, como un híbrido de animal y vegetal.

Elysia chlorotica [Karen N. Pelletreau et al.].

Acetabularia spp. [Ashish].

El análisis genómico de *Acetabularia acetabulum* y *Vaucheria litorea*, las principales fuentes de alimento de *E. timida* y *E. chlorotica*, ha revelado que sus cloroplastos producen ftsH, una proteína esencial para la reparación del fotosistema II. En las plantas terrestres, el gen ftsH está codificado en el núcleo, pero está presente en los cloroplastos de la mayoría de las algas. Un amplio suministro de ftsH podría contribuir, en gran medida, a la longevidad de los cloroplastos robados. No obstante, de momento, como los cloroplastos permanecen viables y laboriosos, en ausencia del alga, es un misterio. La hipótesis más controvertida, presentada para responder a esta cuestión, implica la transferencia horizontal genética de genes nucleares de las algas, como el psbO, que codifican proteínas esenciales del cloroplasto, al genoma del huésped. De ser cierta, además de cloroplastos, las babosas hurtan genes a las algas. Desde luego, *Elysia chlorotica* y el resto de la panda parece que están a la altura del mismísimo Arsène Lupin.

📖 Para leer más:

- Cai, Huimin. 2019. «Data Descriptor: A draft genome assembly of the solar-powered sea slug *Elysia chlorotica*». *Scientific Data* 6: 190022.
- Cartaxana, Paulo. 2021. «Photosynthesis from stolen chloroplasts can support sea slug reproductive fitness». *Proceedings of the Royal Society B: Biological Sciences* 288: 20211779.
- Cruz, Sónia. 2022. «Kleptoplasty: Getting away with stolen chloroplasts». *PLoS Biology* 20 (11): e3001857.
- Frankenbach, Silja. 2023. «Shedding light on starvation in darkness in the plastid-bearing sea slug *Elysia viridis* (Montagu, 1804)». *Marine Biology* 170: 89.
- Maeda, Taro. 2021. «Chloroplast acquisition without the gene transfer in kleptoplastic sea slugs, *Plakobranchus ocellatus*». *eLife* 10: e60176.
- Mendoza, Manuel. 2023. «Transcriptomic landscape of the kleptoplastic sea slug *Elysia viridis*». *Journal of Molluscan Studies* 89: eyad001.

Ilustración tomada de *Obras Dramáticas de William Shakespeare*, Moscú, Rusia, 1880. Shakespeare (1564-1616) es ampliamente considerado el escritor más importante en lengua inglesa y uno de los dramaturgos más influyentes de la historia de la literatura. Nacido en Stratford-upon-Avon, Inglaterra, su obra abarca 39 obras de teatro, 154 sonetos y varios poemas épicos, que han dejado una huella indeleble en la cultura y el pensamiento occidental. Sus tragedias, como *Hamlet, Macbeth* y *Othello*, exploran la complejidad de la naturaleza humana, el poder, la ambición y la moralidad, mientras que sus comedias, como *Sueño de una noche de verano* y *Mucho ruido y pocas nueces*, destacan por su ingenio, humor y perspicacia social. Shakespeare también es conocido por su habilidad para innovar en la estructura del lenguaje, creando palabras y frases que aún se utilizan hoy en día. Su influencia perdura en el teatro y la literatura, pero también en el cine, la música y otros ámbitos de la cultura popular, consolidándolo como un ícono literario universal.

ABRACADABRA, PATA DE CABRA, ALAS DE MURCIÉLAGO Y OJOS DE LOMBRIZ PARA SER FELIZ

—Tres veces ha maullado el gato, —dijo la bruja—.

—Tres veces se ha lamentado el erizo, —respondió otra hechicera—.

—*La arpía ha dado la señal de comenzar el encanto, —advirtió la tercera nigromántica—.*

—*Demos vueltas alrededor de la caldera, y echemos en ella las hediondas entrañas del sapo que dormía en las frías piedras, y que, por espacio de un mes, ha estado destilando su veneno, — ordenó la primera—.*

—*Aumente el trabajo, crezca la labor, hierva la caldera, —gritaron a coro las tres brujas—.*

—*Lancemos en ella la piel de la víbora, la lana del murciélago amigo de las tinieblas, la lengua del perro, el dardo del escorpión, ojos de lagarto, músculos de rana, alas de lechuza... Hierva todo esto, obedeciendo al infernal conjuro, —prosiguió la bruja que habló primero—.*

—*Aumente el trabajo, crezca la labor, hierva la caldera, — vociferaron de nuevo las tres juntas—.*

—*Entren en ella colmillos de lobo, escamas de serpiente, la abrasada garganta del tiburón, el brazo de un sacrílego judío, la*

MACBETH.

La impactante obra de Eugène Delacroix, *Macbeth consultando a las brujas,* destaca por su técnica dinámica e intensa, influenciada por los trabajos de Francisco de Goya. Fechada alrededor de 1825, esta obra es probablemente el primer trabajo importante de Delacroix inspirado en Shakespeare, reflejando su interés por los temas dramáticos y oscuros del dramaturgo inglés. La escena representa el momento del acto 4, escena 1 de Macbeth, en el que el protagonista vuelve a encontrarse con las tres brujas para conocer su destino, envuelto en una atmósfera de misterio y presagio que Delacroix logra plasmar con gran maestría en su grabado [The Metropolitan Museum of Art].

nariz de un turco, los labios de un tártaro, el hígado de un macho cabrío, la raíz de la cicuta, las hojas del abeto iluminadas por el tibio resplandor de la luna, el dedo de un niño arrojado, por su infanticida madre, al pozo... Unamos a todo esto las entrañas de un tigre salvaje, —mandó la bruja número tres—.

—Aumente el trabajo, crezca la labor, hierva la caldera, —canturrearon, otra vez, al unísono—.

—Para aumentar la fuerza del hechizo, humedecedlo todo con sangre de mono, —alentó la segunda bruja—.

—Alabanza merece vuestro trabajo; y yo le remuneraré. Danzad en torno de la caldera, para que quede consumado el encanto, —exigió Hécate, la tenebrosa y enigmática diosa del destino—.

—Ya me pican los dedos, indicio de que el traidor Macbeth se aproxima. Abríos ante él, puertas, —chilló la segunda bruja—.

—Misteriosas y astutas hechiceras, ¿en qué os ocupáis?, —preguntó Macbeth—.

—En un maravilloso conjuro, —respondieron sibilinas las tres brujas—.

Las frases que inician este capítulo mimetizan el inicio de la escena primera, del acto IV, de *La tragedia de Macbeth*, un drama escrito por William Shakespeare, y representado, desde principios del siglo XVII, en miles de ocasiones. La obra, estructurada desde la ficción, está basada en el relato de la vida de un personaje histórico, Macbeth, quien fue rey de los escoceses entre 1040 y 1057.

Painted by Fran.s Zuccarelli

M A

From an Original Picture.

Published by the Art-Union, Dec.

ETH.

...ection of Willm Lock Esqr

Engravd by Wm Woollett

...th Street Rathbone Place LONDON

El protagonismo de las tres brujas es incuestionable, porque profetizan que Macbeth será rey, y que ningún hombre nacido de mujer podrá dañarlo. Macbeth, equivocado, interpreta la profecía como que tendrá poder sobre todos y será invencible. Al parecer, la idea de las tres hechiceras provino de las *Crónicas de Holinshed*, un libro de la historia de Inglaterra, Escocia e Irlanda, compilado por Raphael Holinshed en 1577, y reimpreso en 1587, cuya edición habría usado Shakespeare, según la Biblioteca Folger Shakespeare. Este libro fue una fuente principal de muchas de las historias de Shakespeare, y también de los trazos nigrománticos que apunta el autor en algunas de sus obras.

En aquella época, la brujería era considerada una fuerza real, amenazante y cotidiana. El propio Jacobo I, que, tras la muerte de Isabel I, asumió el trono inglés en 1603, escribió obras condenando la brujería. Desde luego, Jacobo I y las brujas no hacían buenas migas. El rey fue un erudito, apasionado por la teología, y contribuyente esencial al florecimiento cultural inglés, mediante la protección y patrocinio de grandes escritores como William Shakespeare, John Donne, Ben Jonson o Francis Bacon.

Hojas y frutos de *Ilex aquifolium* [Melica].

Por entonces, el miedo a las brujas, y a los hechiceros, prendía con facilidad en la sociedad, que inculta y temerosa, solía convivir con la existencia de pócimas y ungüentos mágicos. Muchos de los potingues, como el mencionado en Macbeth, contenían ingredientes raros, asquerosos, ilusorios o difíciles de conseguir, incluso en eBay. La lana de murciélago o las alas de quiróptero eran habituales. Constituían un buen fondo de cualquier caldo sabroso y solían dar sustancia a pociones de todo pelo, de mejunjes mal agoreros, a elixires amorosos.

En Macbeth, la lana del murciélago acompaña a la lengua del perro, al dardo del escorpión y a los ojos de lagarto; pero ojo, los nombres tienen truco. El personal de la Biblioteca Histórica de Biología y Medicina de Wangensteen, ubicada en Minnesota, y que contiene materiales y objetos que representan ampliamente la salud, la medicina y las ciencias biológicas desde 1430 hasta 1945, afirman que la lana de murciélago es, en realidad, vulgares hojas de acebo (*Ilex aquifolium*). Otros nombres pintorescos también esconden ingredientes mundanos. Por ejemplo, al parecer, el ojo de tritón era el nombre empleado para la semilla de la mostaza, la

Semillas de mostaza [Ydumortier].

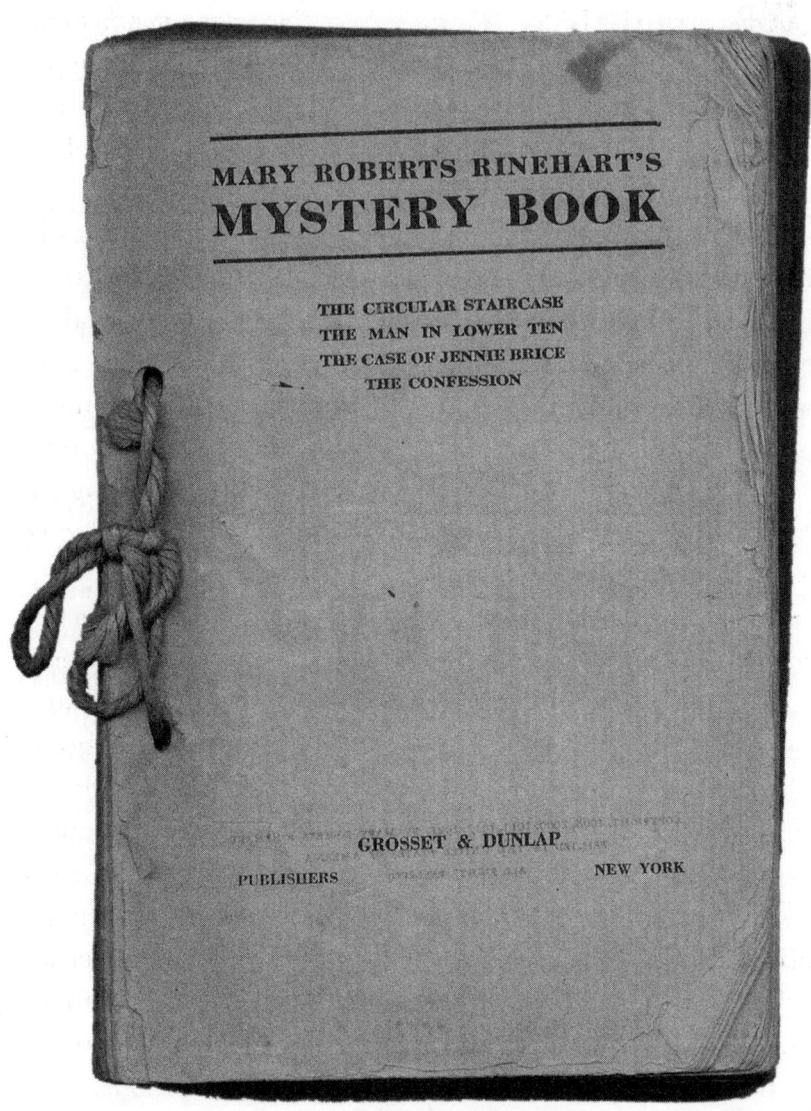

Portada de *Mary Roberts Rinehart's Mystery Book*, una recopilación de cuatro de las novelas más emblemáticas de la «Agatha Christie estadounidense» publicada por Grosset & Dunlap en 1921. Esta edición presenta *The Circular Staircase*, una historia de suspense y secretos familiares en una mansión aislada; *The Man in Lower Ten*, un intrigante caso de asesinato en un tren nocturno; *The Case of Jennie Brice*, un *thriller* psicológico ambientado en una pensión; y *The Confession*, una novela que explora las consecuencias de los secretos y la culpa. Rinehart, conocida por su habilidad para crear atmósferas de tensión y giros inesperados, fue una de las pioneras del género de misterio en la literatura estadounidense, y esta colección captura su habilidad única para atrapar a los lectores con tramas complejas y personajes absolutamente memorables [Abe Books].

lengua de perro para la flor de la cinoglosa (*Cynoglossum officinale* L.), el colmillo de lobo para el venenoso acónito (*Aconitum napellus* L.), y el dedo de rana para el ranúnculo (*Ranunculus acris* L.).

Aun así, no podremos llegar a ser buenas brujas o excelentes hechiceros, sin un bote repletito de alas de murciélago en la despensa. La necesidad del condimento ha quedado constatada en numerosos escritos, en fantasiosos documentos históricos y en los mundos mágicos que pueblan las novelas y las pantallas cinematográficas. De hecho, diecinueve onzas líquidas de alas de murciélago, ni una de más, ni una de menos, son fundamentales para elaborar una pócima corrosiva empleada en el universo de Harry Potter. Durante siglos, las alas de murciélago y la capacidad de vuelo del animal, por singulares, han atraído la atención de naturistas, inventores e incluso escritores.

Sin necesidad de escarbar demasiado. En *La escalera en espiral*, publicada en 1907 y escrita por la gran Mary Roberts Rinehart, pionera, a principios del siglo xx, de la novela de suspense e intriga, aparecen frases de este calado: «¿Bestia, hombre o demonio? Un espectro, una sombra alada, la sombra de un murciélago». La obra ha sido llevada al cine en varias ocasiones, y adaptada al teatro, bajo el título *El murciélago*. Fue estrenada en Broadway en 1920, y logró casi mil representaciones. Además, inspiró, en parte, el aspecto y la actitud de Batman, el superhéroe creado, en la década de 1930, por Bob Kane, y que debutó en el número veintisiete de la revista *Detective Comics*, lanzada el 30 de marzo de 1939 por la editorial National Publications.

Por si fuera poco, los excepcionales cuadernos de notas, compilados por el inclasificable Leonardo da Vinci, contienen bocetos de pájaros y murciélagos, junto con algunos de los primeros diseños de máquinas voladoras. En 1886, el ingeniero y aviador francés Clément Ader construyó una máquina voladora, el Éole, que tenía apariencia de murciélago, y que fue precursora del aparato creado por los hermanos Wright.

Ilustración de *Kunstformen der Natur* (1904), plate 67: *Chiroptera*.

Según narra Esopo en una de sus fábulas, un día aciago, las aves y las bestias entraron en guerra. El gran enfrentamiento formó dos bandos definidos, y el murciélago quedó ubicado en medio de la batalla. Casi de inmediato, los pájaros convocaron al murciélago, pero el morceguillo rehusó la oferta, aduciendo que era una bestia. Más tarde unas bestias dijeron al murciélago que fuera con ellas, pero el animal declinó la invitación, afirmando que era un pájaro. Por fortuna, *in extremis*, el cruento combate fue abortado y floreció la paz. Entonces, el murciélago voló hacia las aves, buscando cobijo, pero fue rechazado. Las bestias tampoco aceptaron al indeciso murciélago, que no sabía si era pájaro o mamífero.

A pesar de las dudas, los murciélagos son mamíferos. Estos animales muestran una diversidad extrema, con más de 1200 especies diferentes, y representan el 20 % de todas las especies mamíferas, siendo el segundo grupo más abundante, tan solo por detrás de los roedores. Además, los murciélagos son unos superorganismos, porque alardean de ser el único grupo de mamíferos con capacidad de vuelo activo y propulsado, una hiperadaptación que ha permitido a estos animales colonizar varios y diversos nichos ecológicos. En suma, poseen muchas otras características únicas, que incluyen una larga vida útil, ecolocalización, hibernación y la competencia para actuar como reservorio de múltiples patógenos virales.

Están ampliamente distribuidos en todos los continentes, excepto en la Antártida y varias islas oceánicas. Algunas especies se reproducen dentro del Círculo Polar Ártico. Los murciélagos son muy abundantes, a veces forman colonias, bandadas o nubes compuestas por millones de animales individuales. En las cuevas habitadas por murciélagos mexicanos de cola libre (*Tadarida brasiliensis*), puede haber más de cuatro mil murciélagos por metro cúbico, y los dormideros albergan hasta un millón de ejemplares. La cueva de Bracken, situada a las afueras

Tadarida brasiliensis [Nevada Department of Wildlife].

del norte de San Antonio, en el estado de Texas, alberga la colonia de murciélagos más grande del mundo, con más de quince millones de murciélagos mexicanos de cola libre. Es un enclave de maternidad excepcional para esta especie, y las hembras se congregan allí cada año, para parir y criar a los vástagos.

Los murciélagos mexicanos de cola libre son un depredador esencial de insectos que devastan numerosos tipos de plantaciones, entre los que destaca la polilla del gusano cogollero (*Spodoptera frugiperda*), una temida plaga polífaga que arrasa, por ejemplo, y entre otros, los cultivos de maíz. Las estimaciones apuntan a que solo la colonia que habita la cueva de Bracken consume más de cien toneladas de estas polillas cada noche de verano. Estudios recientes valoran que los murciélagos comen suficientes insectos como para ahorrar más de mil millones de dólares por año en daños, a los cultivos y costos de pesticidas, solo en la industria del maíz de los EE. UU. En toda la producción agrícola estadounidense, el consumo de plagas de insectos, por parte de los murciélagos, genera un ahorro de más de tres mil millones por año.

Es evidente que los murciélagos son superorganismos, no planean como puede hacer algún otro mamífero, sino que vuelan grácilmente por sí mismos, y algunas especies migran más de mil quinientos kilómetros. Por ejemplo, los murciélagos canosos norteamericanos (*Lasiurus cinereus*) consiguen, con un poco de esfuerzo, alcanzar desde el continente americano, la isla de Islandia y las Islas Orkney en el Reino Unido.

La membrana del ala de los murciélagos está formada por la piel de la espalda y el vientre, y está sostenida por dedos alargados, patas aducidas y rotadas externamente y, en algunos casos, la cola. Algunos murciélagos, como los verdaderos vampiros, también son capaces de andar de forma cuadrúpeda. La mayoría de los murciélagos son nocturnos. Son los únicos vertebrados capaces de atrapar insectos en completa oscuridad, gracias al uso de una sofisticada ecolocalización. Los murciélagos son diversamente insectívoros, frugívoros, se alimentan de flores, hematófagos o carnívoros.

Murciélago frugívoro o zorro volador [Independent birds].

En Ciudad de México, el 27 de marzo de 2024, se inauguró la exposición temporal «Quiróptera» en el emblemático Camino de los Compositores del Bosque de Chapultepec. Uno de los puntos destacados de la exposición es la instalación de un enorme murciélago canoso (*Lasiurus cinereus*), una de las especies más grandes de murciélagos en América del Norte. Esta obra

busca resaltar la diversidad y el papel ecológico crucial de los murciélagos, promoviendo la conservación de estos mamíferos nocturnos que son esenciales para el equilibrio de los ecosistemas. La exposición invita a los visitantes a redescubrir la belleza y la importancia de estas criaturas frecuentemente incomprendidas [Mure].

El peso de estos animales oscila entre los dos gramos, que exhibe la especie *Craseonycteris thonglongyai*, la más pequeña todas, y los 1,6 kilogramos de las especies más grandes de los géneros *Pteropus* y *Acerodon*. La flexibilidad metabólica de los murciélagos permite que los animales sean heterotérmicos, es decir consiguen una variación extrema en la temperatura central del cuerpo, de 2 °C a 41 °C, e hibernar. Durante el vuelo, la temperatura del cuerpo sube por encima de los 38 °C.

Son los mamíferos diminutos más longevos. Por ejemplo, *Myotis lucifugus*, que pesa solo siete gramos, vive hasta los treinta y cinco años. Para poder iniciar el vuelo, los murciélagos se posan, colgando boca abajo, aferrados a techos y aleros de numerosos tipos de construcciones o de espacios naturales, como tumbas, templos, minas, tuberías, túneles de riego, puentes, cuevas, grietas de rocas, follaje, cavidades de árboles, árboles o nidos de aves, entre otras. Algunas especies pueden construir refugios similares a tiendas de campaña con hojas. Recientemente, una epidemia de síndrome de nariz blanca, ocasionada por el hongo *Pseudogeomyces destructans*, ha matado a más de un millón de murciélagos en el noreste de EE. UU. y Canadá. En menos de diez años, la enfermedad ha eliminado de América del Norte a más del 90 % de las poblaciones de murciélagos orejudos, marrón pequeño y tricolor.

Grupo de *Craseonycteris thonglongyai* [Nattawut Intavari].

Pues sí, habitualmente, los murciélagos están infestados de numerosos ectoparásitos, como moscas de los murciélagos, pulgas, ácaros, garrapatas y chinches, y pueden ser portadores de múltiples y diversos patógenos, animales y humanos. No es sorprendente. El 60 % de las enfermedades infecciosas y el 70 % de las infecciones emergentes de los humanos son zoonóticas, de origen animal. Dos tercios proceden de animales salvajes. La preponderancia de las zoonosis asociadas a murciélagos y roedores no hace otra cosa que reflejar la enorme cantidad de especies diferentes que existen en estos tipos de animales. Entre ambos constituyen cerca del 60 % de los mamíferos.

Una hipótesis denominada del «reservorio especial» sugiere que algunos taxones animales, que presentan rasgos fisiológicos o ecológicos singulares, son más propensos a mantener virus zoonóticos o a transmitirlos a los humanos. Otra hipótesis, bautizada como «riqueza del reservorio», vincula el predominio de la zoonosis con los taxones amplios, como consecuencia de la riqueza de especies. Los murciélagos cumplen las dos hipótesis: son un grupo de especies muy numeroso y diverso, y presentan adaptaciones evolutivas singulares, como ser el único mamífero con capacidad de vuelo activo.

Al parecer, las adaptaciones al vuelo de estos mamíferos han tenido un efecto secundario en su sistema inmune, que ha progresado para permitir la convivencia del animal con muchos tipos de virus diferentes, sin que el murciélago muestre síntomas graves o desarrolle la enfermedad. Un estudio reciente de la Universidad de California ha mostrado que la respuesta inmune de los murciélagos ante los virus es contundente. Los mantienen a raya, pero, como consecuencia, provocan una reproducción más rápida de los virus, y un aumento de la virulencia y de la infectividad, que puede causar estragos en otros sistemas inmunes distintos, como el de los humanos, cuando los virus saltan de una especie a otra. Los murciélagos responden a las infecciones por virus de ARN induciendo una fuerte respuesta mediada por interferón, mientras controlan una respuesta proinflamatoria exagerada, lo que limita la inmunopatología inducida por los virus. Una respuesta temprana de interferón es fundamental para limitar la propagación del virus.

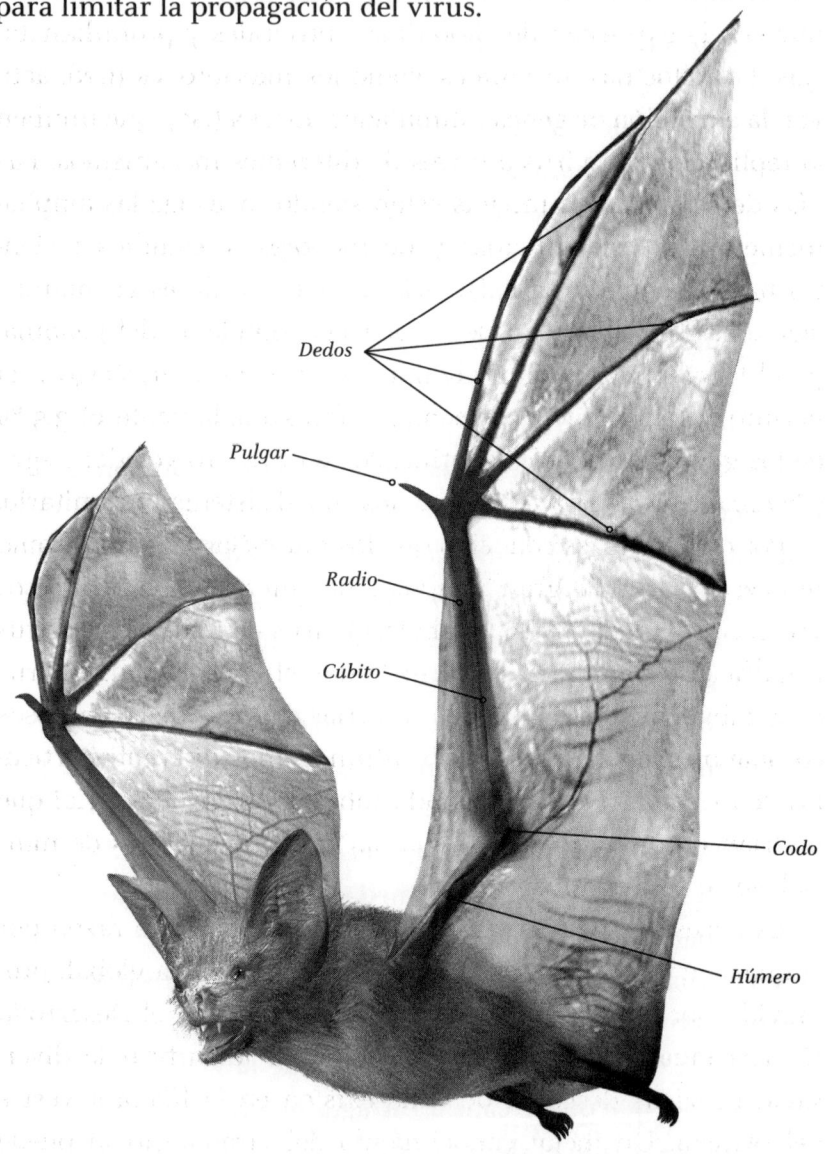

Dedos

Pulgar

Radio

Cúbito

Codo

Húmero

Ilustración del detalle anatómico del miembro anterior [Nathapol Kongseang].

Las células de mamíferos han desarrollado receptores de reconocimiento de patrones (PRR) conservados que detectan patrones moleculares asociados a patógenos (PAMP) derivados de virus, bacterias y parásitos. Después de la infección por el virus, las células infectadas inician eventos de señalización que inducen la expresión de citoquinas antivirales y proinflamatorias. Las citocinas antivirales, como los interferones (IFN), activan la expresión de genes estimulados por IFN (ISG), que inhiben la replicación del virus a través de diferentes mecanismos. Las vías de señalización innatas están siendo investigadas ampliamente en células humanas y de roedores, y estudios recientes han descubierto la existencia de vías similares en murciélagos. La disponibilidad de secuencias completas del genoma, y del transcriptoma para algunas especies de murciélagos, ha permitido saber que, por ejemplo, aproximadamente el 3,5 % de los genes transcritos identificados en el zorro volador negro (*Pteropus alecto*) están relacionados con el sistema inmunitario.

Por otra parte, es conocido que los murciélagos actúan como reservorio de una gran cantidad de diferentes y peligrosos virus, como son el virus del Ébola, el virus de Marburg, el virus Hendra, el virus Sosuga, el virus Cedar, el virus Nipah, el virus de la rabia, diversos hantavirus o varias especies de los famosos coronavirus, entre otros. En los últimos años diferentes artículos de investigación han alertado sobre el peligro potencial que podrían representar nuevos coronavirus provenientes de murciélagos u otros animales.

La necesidad de una vigilancia más amplia fue la razón por la que se creó, hace unos años, el Proyecto viroma global, promovido por la USAID (Agencia de los EE. UU. para el Desarrollo Internacional). El objetivo del proyecto es identificar la diversidad de virus desconocidos que existen en la fauna silvestre del planeta. Un mejor conocimiento del viroma global puede ayudar en la lucha contra las enfermedades infecciosas emergentes. Algunos trabajos, relacionados con esta iniciativa, ya han identificado, en materia fecal y orina de especies de murciélagos muestreadas en varios continentes, virus de las familias Adenoviridae, Astroviridae, Caliciviridae, Coronaviridae, Flaviviridae, Papillomaviridae, Paramyxoviridae, Parvoviridae, Picornaviridae, Polyomaviridae y Reoviridae.

Sin embargo, los murciélagos no deben ser considerados una amenaza, ya que tienen un impacto positivo en la naturaleza y su importancia ecológica es colosal. Son esenciales en el mantenimiento y regeneración de selvas y bosques. Actúan como polinizadores, y los que consumen fruta son vitales para la dispersión de las semillas de los árboles. Sin murciélagos, la supervivencia del icónico cactus saguaro, la única especie del género *Carnegiea*, que es nativa y típica del desierto de Sonora en Arizona, estaría en entredicho, y quizás tampoco tendríamos tequila o mezcal, ya que el murciélago magueyero *(Leptonycteris yerbabuenae)* es el encargado especializado de mantener las poblaciones de agave, la planta necesaria para la obtención de estos destilados alcohólicos porque, por la noche, consumen el néctar floral, y así esparcen el polen del agave, contribuyendo a aumentar la diversidad genética.

Muchas especies de murciélagos desempeñan un papel clave en el control de las poblaciones de insectos que son, también, portadores y transmisores de enfermedades humanas, o que pueden convertirse en plagas que acaban con las cosechas, lo que repercute en utilizar menos cantidad de pesticidas y por tanto cuidar el medioambiente. Los murciélagos también son presas de otros depredadores, por lo que juegan un rol esencial en el equilibrio de los ecosistemas. Sin olvidar que algunas características de los murciélagos, como las alas membranosas y la ecolocalización, han inspirado avances tecnológicos en ingeniería.

Resulta evidente que los murciélagos son superorganismos, y que deben ser protegidos, cuidados y tratados con respeto, aunque sea necesario manejarlos con prudencia. Si topamos con algún ejemplar, tenemos que evitar la manipulación, sobre todo si no poseemos los medios o la experiencia adecuada ya que, al igual que ocurre con el resto de los animales silvestres, existe la posibilidad de que dañemos al animalito o de que puedan transmitirnos algún tipo de enfermedad.

📖 Para leer más:

- Bonilla-Aldana, Katterine. 2021. «Bats in ecosystems and their Wide spectrum of viral infectious potential threats: SARS-CoV-2 and other emerging viruses». *International Journal of Infectious Diseases* 102: 87-96.
- Hayward, Joshua. 2022. «Unique Evolution of Antiviral Tetherin in Bats». *Journal of Virology* 96 (20): e0115222.
- Tan, Cedric. 2023. «Genomic screening of 16 UK native bat species through conservationist networks uncovers coronaviruses with zoonotic potential». *Nature Communications* 14: 3322.
- Van Brussel, Kate. 2022. «Zoonotic disease and virome diversity in bats». *Current Opinion in Virology* 52: 192-202.
- Wang, Jie. 2022. «Bat Employs a Conserved MDA5 Gene to Trigger Antiviral Innate Immune Responses». *Frontiers in Immunology* 13: 904481.
- Wang, Lin-Fa. 2021. «Decoding bat immunity: the need for a coordinated research approach». *Nature Reviews Immunology* 21(5): 269-271.
- Weinberg, Maya. 2022. «Revising the paradigm: Are bats really pathogen reservoirs or do they possess an efficient immune system?». *iScience* 25(8): 104782.
- Wilson, Amy. 2022. «Assessing the extent and public health impact of bat predation by domestic animals using data from a rabies passive surveillance program». *PLoS Global Public Health* 2 (5): e0000357.

Epílogo
¿Eres un superorganismo?

El ser humano es un organismo excepcional. La vida social y la cognición humana han alcanzado un nivel insólito en comparación con cualquier otro ser vivo. La transmisión del conocimiento mediante el aprendizaje y el dominio del lenguaje ha permitido que exista una cooperación y una comunicación a escala global, dos aspectos inalcanzables para otros animales. La distribución de nuestra especie, el número de individuos y el impacto ecológico derivado de la presencia humana no tiene precedentes en la historia del planeta. Además, tenemos puntos extra, porque podríamos decir que somos unos holobiontes ejemplares. El éxito del holobionte, que es una entidad formada por la asociación de distintas especies, depende del buen hacer de las partes involucradas en las interacciones.

El cuerpo humano está colonizado por multitud de microorganismos, que exhiben una población celular microbiana combinada diez veces mayor que el total de las células humanas. Billones de diferentes microorganismos, incluidos bacterias, virus, protozoos, arqueas u hongos, habitan en armonía en nuestros cuerpos. Este hecho, en esencia, es asombroso. El colon humano, por ejemplo, ha sido identificado como el ecosistema bacteriano natural más densamente poblado, y contiene más células bacterianas que todas nuestras comunidades microbianas juntas. El número total de genes codificados por el microbioma intestinal es al menos un orden de magnitud mayor que el genoma humano.

Las bacterias intestinales influyen en los procesos fundamentales del huésped humano, incluidos el metabolismo, la adiposidad, la maduración y la modulación del sistema inmunitario e incluso la función cerebral y la toma de decisiones. El huésped, a su vez, crea las condiciones que apoyan, permiten o inhiben el desarrollo de bacterias específicas y responde a las señales emitidas por la microbiota. En los últimos años, la microbiota se ha convertido en un tema de creciente interés para la investigación dentro de la biología.

El eje cerebro-intestino-microbioma es un área de investigación importante en la interfaz de la neurociencia y la microbiología, porque el estudio de cómo los microbios interactúan con el cerebro y el comportamiento humano puede ofrecer una comprensión más completa de la psicología humana. Quizás esta sea una de las razones por las que los biólogos estadounidenses Jeffrey I. Gordon y Peter Greenberg y la bioquímica estadounidense Bonnie L. Bassler hayan sido galardonados con el Premio Princesa de Asturias de Investigación Científica y Técnica 2023. Jeffrey I. Gordon ha sido pionero en el estudio del microbioma humano y su influencia en la salud humana, no solo en la nutrición, la digestión y el metabolismo (diabetes, obesidad, malnutrición) sino también en el desarrollo neurológico e inmunitario de niños y jóvenes. Además, impulsó el Proyecto Microbioma Humano, que ha permitido cifrar en unas 10.000 las especies que forman la microbiota y secuenciar el genoma de más de un centenar de ellas hasta ahora. Bonnie Bassler y Everett Peter Greenberg son pioneros en el estudio de la comunicación entre bacterias mediante la emisión de ciertas sustancias, y de cómo la formación de grandes grupos genera un comportamiento diferente al que tienen cuando están aisladas. Es lo que se denomina *quorum sensing*. Es evidente que intensificar la comprensión de las comunidades microbianas vinculadas al contexto humano global puede ayudar a responder a preguntas importantes relacionadas con la salud, y a optimizar las acciones dirigidas a mejorar el bienestar de las personas. No olvide que los microbios y los humanos formamos una alianza gloriosa, entrenada y lista para entrar en el olimpo de los superorganismos.

📖 Para leer más:

*   Aggarwal, Nikhil. 2023. «Microbiome and Human Health: Current Understanding, Engineering, and Enabling Technologies». *Chemical Reviews* 123: 31-72.
*   Puschhof, Jens. 2023. «Human microbiome research: Growing pains and future promises». *PLoS Biology* 21(3): e3002053.
*   Walker, Alan. 2023. «Human microbiome myths and misconceptions». *Nature Microbiology* 8: 1392-1396.

El 1 de noviembre de 1962, la Unión Soviética lanzó
la sonda Mars 1 en un audaz intento de explorar
Marte. A 106 millones de kilómetros de la Tierra,
se perdió el contacto y desapareció en la inmensi-
dad del espacio, dejando un legado de misterio y
aspiración hacia lo desconocido. Hoy, en este 1 de
noviembre de 2024, *Superorganismos* se concluye
con la misma convicción que inspiró aquel viaje:
explorar los límites de nuestro conocimiento, bus-
car respuestas en lo aparentemente inalcanzable y
seguir avanzando, siempre más allá.